Prozentbegriff

1 Schreibe den Anteil der roten Flächen als Bruch, Hundertstelbruch und in Prozent.

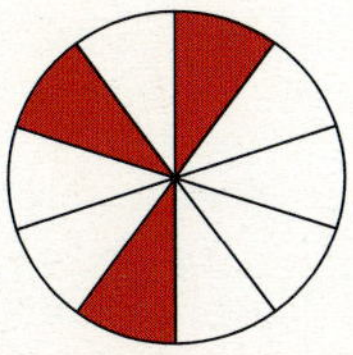

$\frac{3}{10} = \frac{30}{100} = 30\%$

a) 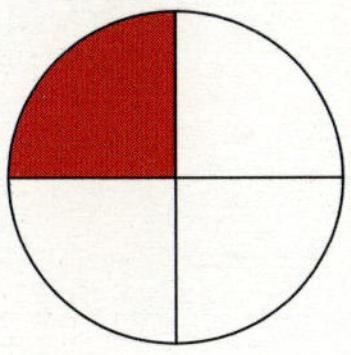 ______

b) 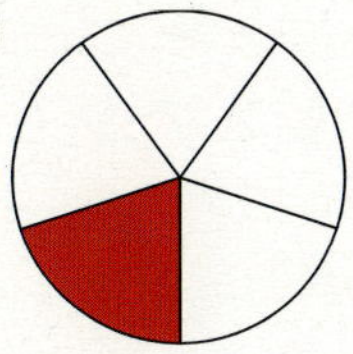 ______

c)  ______

d) 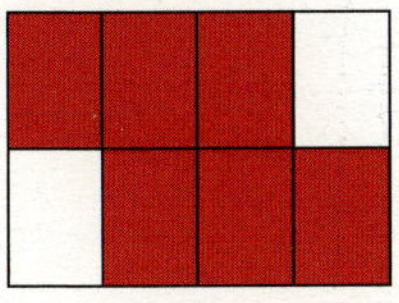 ______

e) 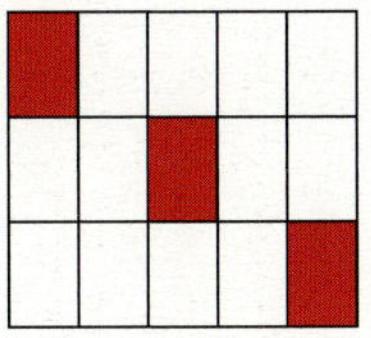 ______

f) 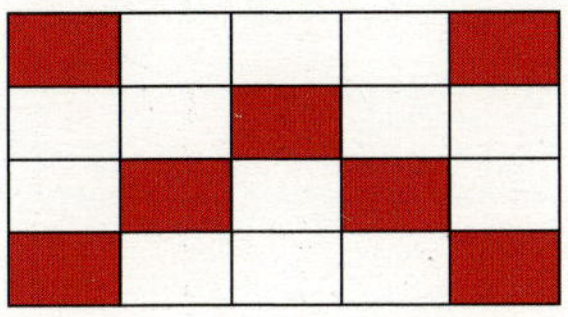 ______

g) 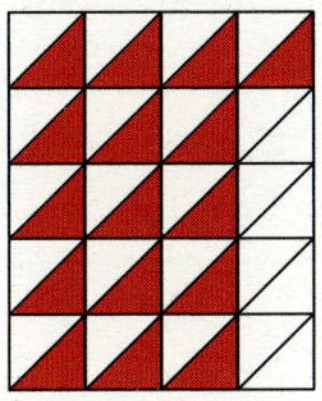 ______

2 Färbe die angegebenen Prozentsätze.

a) 75% 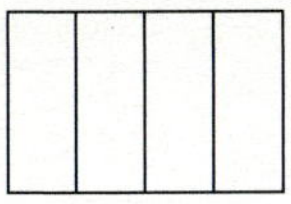

b) 80% 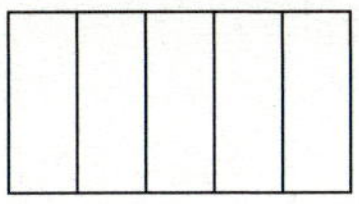

c) 50% 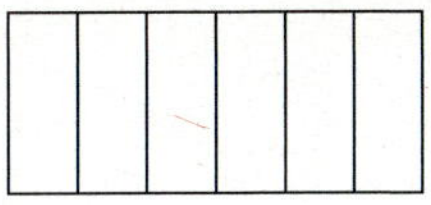

d) 30% 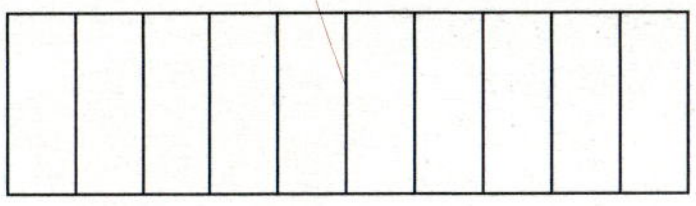

e) 25% 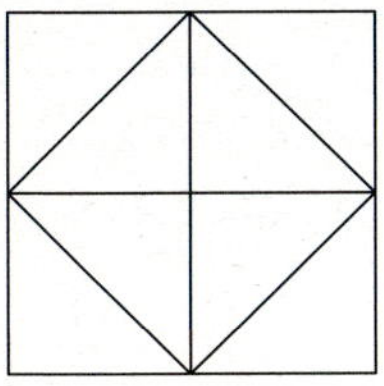

f) 75% 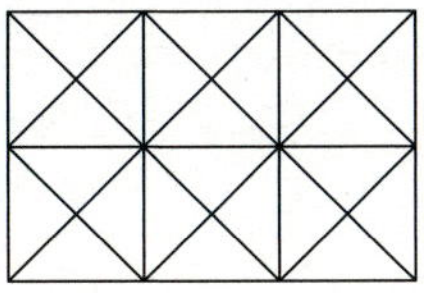

g) 95% 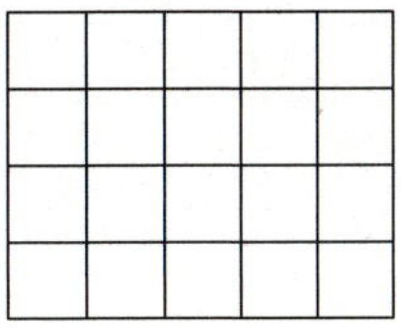

h) 35% 

3 Ergänze die Tabelle.

		a)	b)	c)	d)	e)	f)	g)
Bruch	$\frac{1}{5}$				$\frac{7}{50}$			
Hundertstelbruch	$\frac{20}{100}$	$\frac{45}{100}$				$\frac{5}{100}$		
Dezimalbruch	0,20		0,75				0,08	
Prozentsatz	20%			25%				4%

4 Verbinde die Brüche mit gleichen Prozentsätzen.

Wichtige Prozentsätze

a)		b)		c)	
$\frac{1}{2}$	25%	$\frac{3}{4}$	70%	$\frac{1}{3}$	12,5%
$\frac{1}{5}$	50%	$\frac{4}{5}$	45%	$\frac{1}{8}$	$33\frac{1}{3}\%$
$\frac{1}{4}$	10%	$\frac{7}{10}$	75%	$\frac{5}{8}$	37,5%
$\frac{1}{10}$	20%	$\frac{2}{5}$	80%	$\frac{2}{3}$	62,5%
$\frac{1}{25}$	4%	$\frac{9}{20}$	40%	$\frac{3}{8}$	$66\frac{2}{3}\%$

Prozentwert berechnen

1 Berechne den Prozentwert.

a) 15% von 275 € = ________

100 % ≙ 275 €

: 100 → 1 % ≙ ← : 100

· 15 → 15 % ≙ ← · 15

b) 25% von 1340 € = ________

c) 45% von 798 € = ________

d) 90% von 56 € = ________

2 Berechne die Prozentwerte.

a)

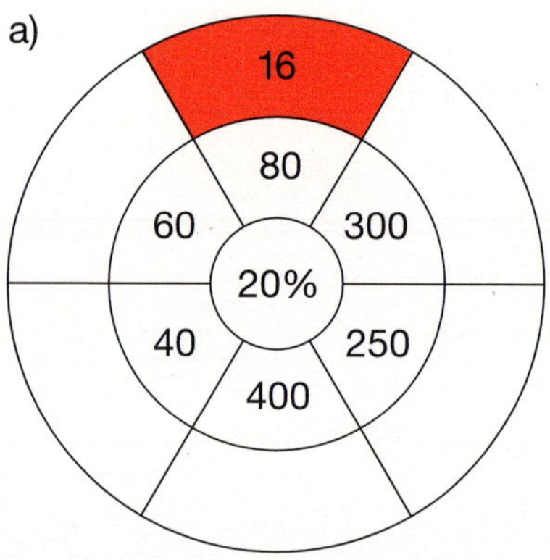

b)

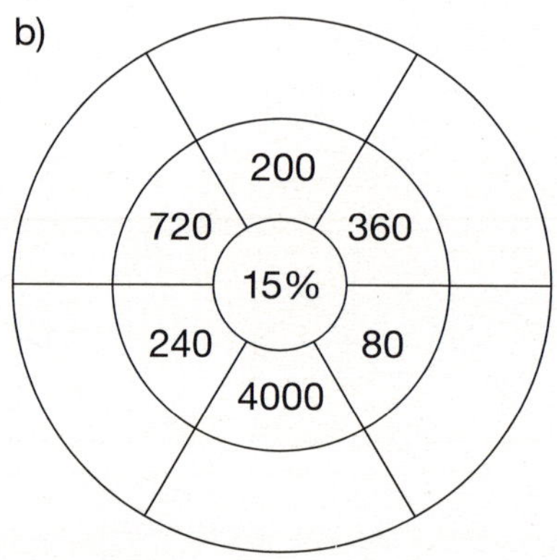

c)

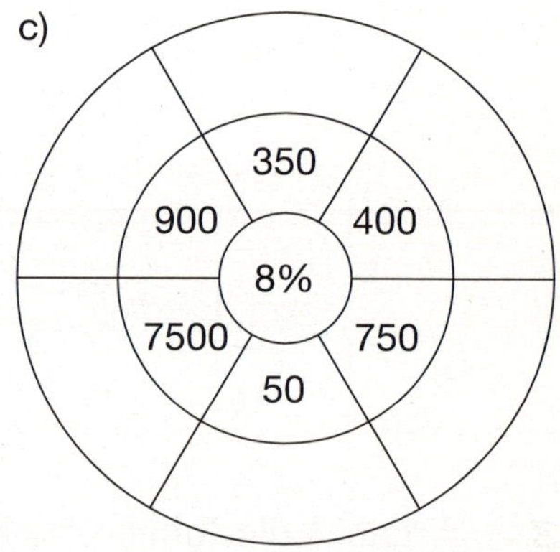

3

Lisa teilt ihre Geldgeschenke für folgende Verwendungen auf:

Sparbuch	35%	____________	€
Kleidung	25%	____________	€
Kosmetik	15%	____________	€
Naschen	5%	____________	€
Sonstiges	20%	____________	€

4 Berechne die Prozentwerte im Kopf.

Grundwert	800 m	3500 g	750 cm	5000 g	1200 m	200 km	375 kg
Prozentsatz	5%	10%	20%	13%	4%	5%	2%
Prozentwert							

Grundwert berechnen

1 Berechne den Grundwert.

a) 15 % von ________ = 96 €

: 15 (
15 % ≙ 96 €
1 % ≙
100 % ≙
) : 15

· 100 (
) · 100

b) 25 % von ________ = 320 €

c) 80 % von ________ = 300 €

d) 32 % von ________ = 1536 €

2

Herr Weiler zu seiner Frau:
„Die Miete wäre gerade 24 % unseres gemeinsamen Monatseinkommens.“

Wie viel Euro verdienen Weilers zusammen im Monat? ____________

3

a)
5 % ≙ 865 €
100 % ≙ ________

b)
12 % ≙ 324 €
100 % ≙ ________
75 % ≙ 1425 €
100 % ≙ ________

c)
20 % ≙ 860 g
100 % ≙ ________
25 % ≙ 725 g
100 % ≙ ________

d)
3 % ≙ 111 g
100 % ≙ ________
85 % ≙ 1105 g
100 % ≙ ________

e)
98 % ≙ 2352 m
100 % ≙ ________

4 Verbinde, was zusammengehört.

a)

	von		=	
5 %, 8 %, 12 %, 20 %		75 €, 36 €, 150 €, 80 €		1,60 €, 18 €, 6 €, 16 €, 1,80 €

b)

	von		=	
6 %, 25 %, 80 %, 24 %, 20 %		340 g, 350 g, 120 g, 50 g		96 g, 85 g, 3 g, 84 g

Prozentsatz berechnen

1 Berechne den Prozentsatz.

a) 108 € von 720 € = ______ %

$$720\,€ \triangleq 100\,\%$$

$$:720 \quad 1\,€ \triangleq \frac{100}{720}\,\% \quad :720$$

$$\cdot 108 \quad 108\,€ \triangleq \frac{100 \cdot 108}{720}\,\% \quad \cdot 108$$

b) 39 € von 325 € = ______ %

c) 378 € von 450 € = ______ %

d) 64 € von 1280 € = ______ %

2 In einer Schule betreiben 480 Schüler eine der folgenden fünf Sportarten.

168	120	96	72	______
______ %	______ %	______ %	______ %	______ %

3 Berechne die Prozentsätze.

Prozentwert	150 €	75 €	40 kg	37 m	300 g	240 km	120 l
Grundwert	600 €	150 €	200 kg	370 m	400 g	400 km	400 l
Prozentsatz							

4 Berechne die Prozentsätze.

a)

252 € von 560 € = ______

135 € von 750 € = ______

34 € von 425 € = ______

882 € von 980 € = ______

b)

68 kg von 80 kg = ______

575 kg von 625 kg = ______

138 kg von 920 kg = ______

273 kg von 390 kg = ______

Sachaufgaben

1 Trage die beiden fehlenden Werte in die Tabelle ein. Berechne den fehlenden Wert.

a) 6 % von 350 überprüften Glühbirnen sind defekt.
b) Bei einer Wahl stimmten 352 von 640 Schülern für Tina.
c) Von einer Spendensammlung erhielt ein Projekt 35 %. Das waren 294 €.
d) Für eine Ferienwohnung müssen 15 % von 680 € angezahlt werden.
e) 234 Zimmer eines Hotels sind belegt. Das sind 75 % der vorhandenen Zimmer.
f) Bei einer Verkehrszählung waren 99 von 825 Fahrzeugen Lkw.

G	p%	P

2

a) Von 60 Gummibären sind 12 rot. Das sind ______ %.

b) Klaus bezahlt 20 % der Familien-Telefonrechnung. Im Mai zahlt er 13 €. Die Gesamtrechnung war ______ €.

c) Der Wasseranteil eines Fruchtsaftgetränkes soll 30 % betragen. Für 2500 ml sind das ______ ml Wasser.

d) Der erste Bauabschnitt einer Autobahnstrecke ist 75 km lang. Das sind 30 % der Gesamtstrecke von ______ km.

3 Eine Sportzeitung veröffentlicht nach jedem Bundesligaspieltag eine „Spiel-Statistik" der Fußballspiele.

Leverkusen - Hamburg

1:1

Tore:
0:1 Töfting (41.)
1:1 Kirsten (45.)

Die Spiel-Statistik

Leverkusen		Hamburg
17	Torschüsse	11
3	vom Torwart abgewehrt	2
146	gewonnene Zweikämpfe	121
27	Fouls	26
7	Ecken	1
347	Kurze Pässe	300
78	davon angekommen in %	76
31	Lange Pässe	29
29	davon angekommen in %	17
29	Freistöße	29
26,00	Durchschnittsalter	27,00

a) Wie viele Zweikämpfe gab es insgesamt? Wie viel Prozent davon hat Leverkusen gewonnen? __________

b) Wie viele kurze Pässe der Hamburger sind angekommen? __________

c) Wie viele lange Pässe der Leverkusener sind angekommen? __________

d) Wie viel Prozent der Torschüsse hat ein Torwart abgewehrt? __________

e) Wie viel Prozent der Freistöße entfielen jeweils auf die beiden Mannschaften?
____

Prozentsätze darstellen

1 Eine Großküche hat eine Umfrage nach gewünschten Beilagen durchgeführt. Miss die Länge des Streifens und der einzelnen Abschnitte in mm und bestimme die Prozentsätze.

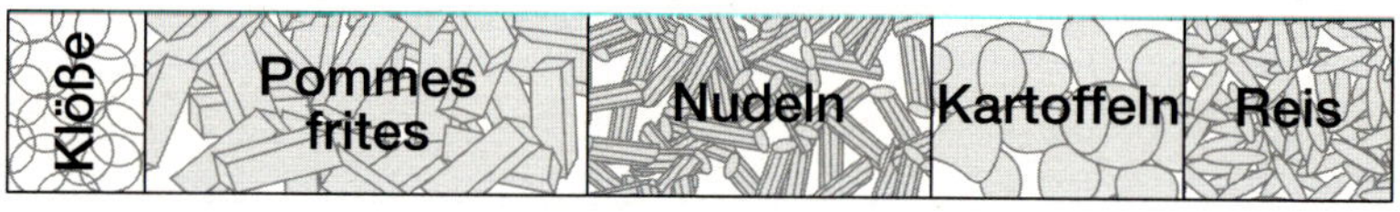

____ % ____ % ____ % ____ % ____ %

2 Zeichne Streifendiagramme.

a) Die Häufigkeit der Ausleihe eines Jugendromans wurde nach dem Alter der Leser sortiert.

Alter	13	14	15	16	17	18
Prozent	6 %	15 %	20 %	28 %	23 %	8 %

b) Die Eier des Hofes „Landgraf“ wurden nach Gewicht eingeteilt.

Gewicht	20 g	25 g	30 g	35 g	40 g	45 g
Prozent	5 %	8 %	36 %	32 %	13 %	6 %

3 Bestimme die Prozentsätze im Kreisdiagramm.
Zeichne mit den Werten jeweils ein Streifendiagramm (Länge 10 cm).

a)

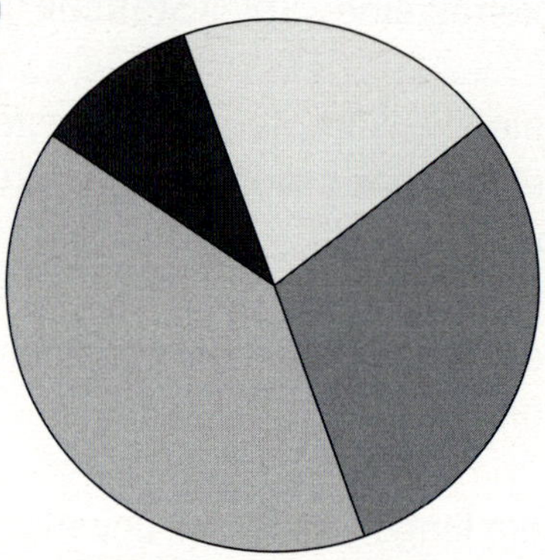

____ %
____ %
____ %
____ %

b)

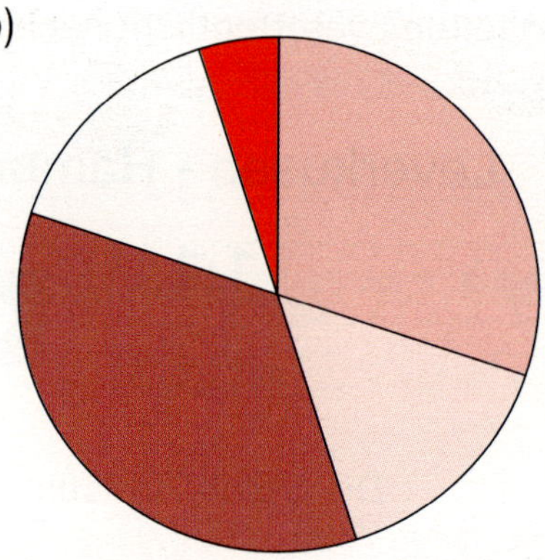

____ %
____ %
____ %
____ %
____ %

Rabatt und Skonto

Rabatt und Skonto bezeichnen reisnachlässe.

1 Du kannst den ermäßigten Preis auf zwei Arten berechnen.

a) Ein Preis von 320 € wird um 15 % ermäßigt.

1. Möglichkeit

15 % von 320 € = ______

Ermäßigter Preis:

320 € – ______ = ______

2. Möglichkeit

100 % – 15 % = 85 %

Ermäßigter Preis:

85 % von 320 € = ______

b) Auf 2550 € werden 2 % Skonto gewährt.

c) Eine Ware für 760 € wird mit 25 % Rabatt verkauft.

2 Trage die neuen Preise ein.

a)

b)

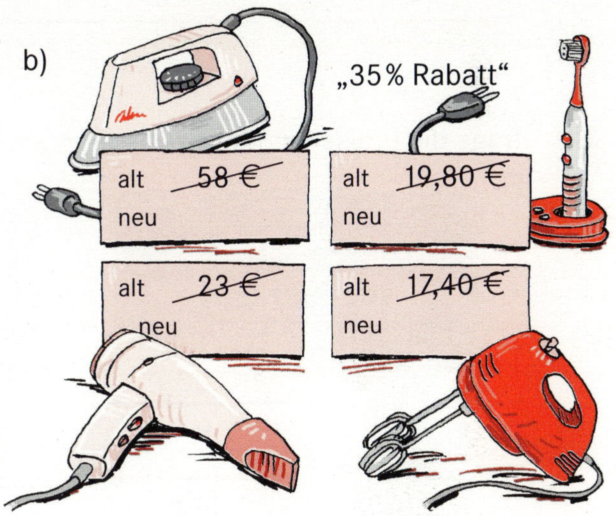

3 Berechne die neuen Preise.

a)
2 % Skonto
bei 3250 €
bei 980 €
bei 6780 €

b)
8 % Rabatt
bei 370 €
bei 830 €
bei 1370 €

c)
Rabatt
25 % bei 324 €
35 % bei 240 €
75 % bei 660 €

4

	a)	b)	c)	d)	e)	f)
Alter Preis	80 €	250 €	160 €			
Rabatt	10 %	20 %	25 %	15 %	50 %	30 %
Neuer Preis				255 €	375 €	420 €

Mehrwertsteuer

1 Du kannst den Endpreis auf zwei Arten berechnen.

Mehrwertsteuer (MwSt.) 16 %

a) Der Preis ohne 16 % Mehrwertsteuer beträgt 348 €.

1. Möglichkeit

16 % von 348 € = ________

Endpreis:

348 € + ________ = ________

2. Möglichkeit

100 % + 16 % = 116 %

Endpreis:

116 % von 348 € = ________

b) Eine Kaffeemaschine kostet 48 € ohne Mehrwertsteuer.

c) Eine Reparaturrechnung lautet über 625 € ohne MwSt.

2 Trage die Preise mit Mehrwertsteuer ein.

a)

mit MwSt. ________ ________ ________

b)

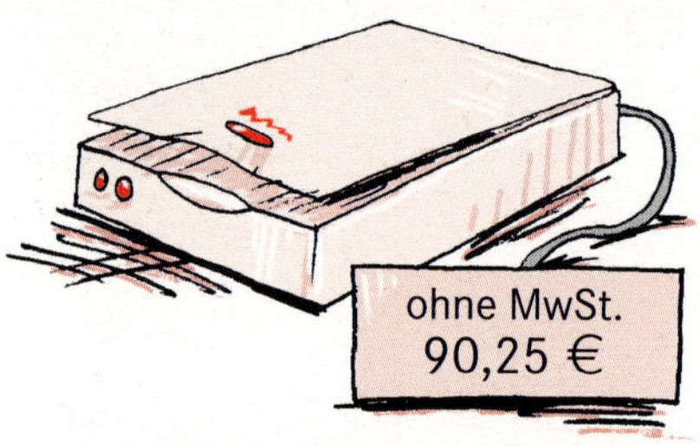

mit MwSt. ________ ________ ________

3 Berechne die fehlenden Werte und trage sie ein.

	a)	b)	c)	d)	e)	f)
Preis ohne MwSt.	280 €	540 €	873 €			
Mehrwertsteuer						
Preis mit MwSt.				290 €	203 €	29 €

MACH DICH FIT!

1 Schreibe den Anteil der roten Flächen als Bruch, Hundertstelbruch und in Prozent.

a) 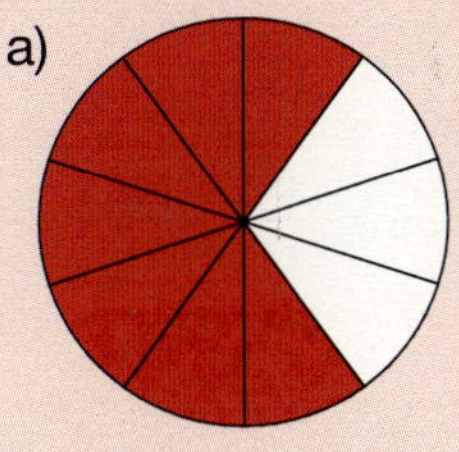

b) 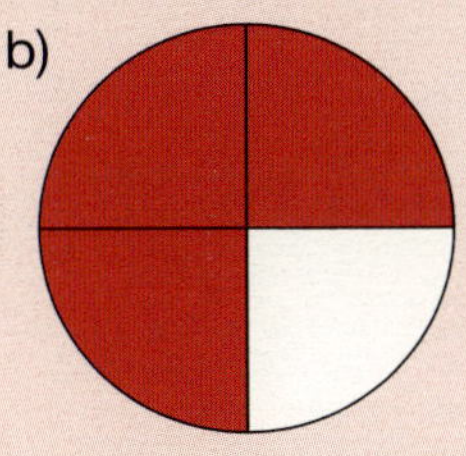

c) 

d) 

2 Ergänze.

	a)	b)	c)	d)	e)	f)	g)	h)
Bruch	$\frac{1}{4}$	$\frac{3}{5}$			$\frac{1}{3}$	$\frac{3}{8}$		
Prozentsatz			75%	40%			12,5%	87,5%

3 Berechne die fehlenden Werte und trage sie ein.

Grundwert	900 g	1440 m		270 km	7 kg	
Prozentsatz	20%		90%	40%		7%
Prozentwert		144 m	6300 g		350 g	210 m

4 a) Von 2800 Glühbirnen sind 126 defekt. Das sind ________ %.

b) Julia zahlt 15% ihres Taschengeldes von 65 € auf ihr Sparbuch ein: ________ €.

c) Bei einer Kontrolle fuhren 36 Fahrzeuge zu schnell. 7,5% von ________ Fahrzeugen.

d) Von 960 verkauften Losen sind 85% Gewinne. Das sind ________ Lose.

5 Berechne die neuen Preise.

a) 2% Skonto bei 650 €

b) 12% Rabatt bei 1250 €

c) 16% MwSt. bei 875 €

Zinsen und Kapital berechnen

1 Berechne die Jahreszinsen.

a) 3,5 % Zinsen für eine Spareinlage von 750 €.

: 100 — 100 % ≙
1 % ≙
· 3,5 — 3,5 % ≙

b) 9,5 % Zinsen für einen Kredit über 1200 €.

2 a)

1,5 % von 850 € = ______
3,5 % von 1340 € = ______
2,5 % von 580 € = ______
8,5 % von 2300 € = ______

b)

3 % von 124,00 € = ______
5 % von 806,40 € = ______
8 % von 956,50 € = ______
7 % von 64,00 € = ______

3 Berechne das Kapital.

a) Auf einem Sparbuch werden nach einem Jahr 25,35 € gutgeschrieben. Der Zinssatz betrug 3 %.
Wie viel € waren auf dem Sparbuch?

____

: 3 — 3 % ≙
1 % ≙
· 100 — 100 % ≙

b) Sven zahlt seiner Tante nach einem Jahr ein Darlehen zurück. Der Zinssatz von 2,5 % ergab 10,50 € Zinsen.
Wie viel € hatte sich Sven geliehen?

____

4

Zinssatz	3 %	8 %	7 %	4 %	2,5 %	3,5 %	8,5 %
Zinsen	120 €	64 €	84 €	280 €	5 €	70 €	85 €
Kapital							

5

a) 5 % von 125,80 € = ______ €.

b) 6 % von ______ € = 28,50 €.

c) 9,5 % von 1200 € = ______ €.

d) 4,5 % von ______ € = 10,80 €.

Zinssatz berechnen

1 Berechne den Zinssatz.

a) Tanja hatte 350 € auf ein Sparbuch eingezahlt. Nach einem Jahr erhielt sie 8,75 € Zinsen gutgeschrieben. Wie hoch war der Zinssatz?

$$350\,€ \mathrel{\hat{=}}$$
$$:350 \quad 1\,€ \mathrel{\hat{=}}$$
$$\cdot 8{,}75 \quad 8{,}75\,€ \mathrel{\hat{=}}$$

____

b) Ein Firmenkredit über 38 000 € wird nach einem Jahr zurückgezahlt. Es fallen 2850 € Zinsen an. Wie hoch war der Zinssatz?

____

c) Herr Walter leiht sich 850 € für ein Jahr bei seinem Bruder. Er zahlt zusätzlich 21,25 € Zinsen zurück. Welcher Zinssatz war ausgemacht?

____

2 Berechne den Zinssatz.

Kapital	400 €	800 €	200 €	1000 €	3000 €	50 €	150 €
Zinsen	12 €	40 €	5 €	80 €	60 €	4 €	6 €
Zinssatz	%	%	%	%	%	%	%

3 Berechne den Zinssatz. Verbinde mit den richtigen Ergebnissen.

a) 19,50 € von 650 €
2,10 € von 84 €
9,80 € von 280 €
30,00 € von 800 €

2,5 %
3,5 %
4 %
3,75 %
3 %

b) 11,25 € von 125 €
30,60 € von 360 €
15,60 € von 208 €
64,80 € von 960 €

6,75 %
8 %
7,5 %
9 %
8,5 %

c) 44,10 € von 840 €
34,65 € von 630 €
11,10 € von 185 €
23,75 € von 380 €

5,25 %
6 %
6,25 %
5 %
5,5 %

d) 10,25 € von 82 €
11,28 € von 94 €
6,58 € von 56 €
7,82 € von 68 €

12 %
11,75 %
11 %
12,5 %
11,5 %

Vermischte Übungen

1 Trage die beiden gegebenen Werte in die Tabelle ein. Berechne den fehlenden Wert.

a) Auf Janas Sparbuch werden 412 € mit 3,5 % verzinst.
b) Auf Ruslans Sparbuch fallen nach einem Jahr 11,94 € Zinsen an. Der Zinssatz betrug 3 %.
c) Für einen Kredit von 18 000 € müssen nach einem Jahr 1710 € Zinsen gezahlt werden.
d) Ingrid zahlt für geliehene 160 € nach einem Jahr 8,75 % Zinsen.
e) Herr Hammer zahlt für ein Darlehen nach einem Jahr 225 € Zinsen bei einem Zinssatz von 9 %.
f) Frau Behle erhielt für eine Spareinlage von 2480 € nach einem Jahr 62 € Zinsen.

	Kapital	Zinssatz	Zinsen
a)			
b)			
c)			
d)			
e)			
f)			

2 Berechne die fehlenden Werte.

Kapital	380 €	640 €		84,40 €	960 €	
Zinssatz	6,5 %		2,5 %	7,5 %		9,5 %
Jahreszinsen		48 €	375 €		12 €	171 €

3 a)

SOFORTKREDIT: 7 500 €
Rückzahlung: 8 430 €
nach einem Jahr

Die Zinsen betragen ____________

Der Zinssatz beträgt ____________

b) Ina überlegt, wie viel Kapital man braucht, um von 18 000 € Zinsen im Jahr leben zu können.

Zinssatz 3,75 % Kapital ____________ Zinssatz 6,25 % Kapital ____________

4 Vergleiche die Angebote. Welches ist am günstigsten?

a)
Barkredit
2000 €
Rückzahlung nach 1 Jahr
Zinssatz: 8,2 %
Keine Bearbeitungsgebühr

b)
Barkredit
2000 €
Rückzahlung nach 1 Jahr
Zinssatz: 7,5 %
Bearbeitungsgebühr: 20 €

c)
Barkredit
2000 €
Rückzahlung nach 1 Jahr
Zinsen: 149 €
Bearbeitungsgebühr: 12 €

Zinsen für verschiedene Zeiträume

1 Das Girokonto von Frau Becker war für 12 Tage um 696 € überzogen. Der Zinssatz für diesen Dispositionskredit betrug 12,5%. Wie viel Euro Zinsen wurden berechnet?

1 Monat ≙ 30 Tage
1 Jahr ≙ 360 Tage

1. Schritt: Jahreszinsen

100 % ≙ 696 €
(: 100)
1 % ≙
(· 12,5)
12,5 % ≙

2. Schritt: Tageszinsen

360 Tage ≙
(: 360)
1 Tag ≙
(· 12)
12 Tage ≙

Antwort:

2 Herr Wehrle lässt seinen Kontostand 3 Monate lang unverändert bei 2480 €. Das Kapital wird mit 0,5% verzinst. Berechne die Habenzinsen, die Herr Wehrle erhält.

3 Das Guhaben auf dem Girokonto von Herrn Matussek wird mit einem Zinssatz von 0,5% verzinst. Berechne die Jahreszinsen und die Zinsen für die angegebenen Tage. Runde das Ergebnis auf zwei Dezimalstellen.

	Kontostand	Dauer	Jahreszinsen	Tageszinsen
a)	3236 €	18 Tage		
b)	2904 €	45 Tage		
c)	2692 €	36 Tage		

4 Berechne die Jahreszinsen und die Zinsen für die verschiedenen Zeiträume. Trage sie in die Tabelle ein.

	Kapital	Zinssatz	Zeit	Jahreszinsen	Zinsen
a)	840 €	10%	18 Tage		
b)	950 €	12%	57 Tage		
c)	3840 €	0,5%	42 Tage		
d)	630 €	3%	120 Tage		
e)	6585 €	8%	7 Monate		
f)	337,20 €	2,5%	8 Monate		

Mach dich fit!

1 Trage die beiden gegebenen Werte in die Tabelle ein und berechne den fehlenden Wert.

a) Auf Uwes Sparbuch werden 348 € mit 3,5 % verzinst.

b) Auf Elkes Sparbuch werden nach einem Jahr 12,24 € Zinsen gutgeschrieben. Der Zinssatz war 3 %.

c) Herr Ahlers erhielt für seine Spareinlage von 1240 € nach einem Jahr 93 € Zinsen.

d) Frau Kamp zahlt für ein Darlehen nach einem Jahr 272 € Zinsen bei einem Zinssatz von 8,5 %.

	Kapital	Zinssatz	Zinsen
a)			
b)			
c)			
d)			

2 Rechne möglichst im Kopf.

a) 6 % von 120 €
= ________ €

b) 32 € von 160 €
= ________ %

c) 4 % ≙ 6 €
100 % ≙ ________ €

3 a) Für seine geliehenen 120 € zahlt Jan 8,25 % Jahreszinsen.

Das sind ________ € Zinsen.

b) Eine Firma zahlt für einen Kredit über 24 000 € nach einem Jahr 2280 € Zinsen.

Der Zinssatz ist ________ %.

c) Auf Tabeas Sparbuch werden bei einem Zinssatz von 3,25 % nach einem Jahr 11,96 € Zinsen gutgeschrieben.

Das Kapital betrug ________ €.

d) Martin erhält für seine Spareinlage von 425 € nach einem Jahr 15,30 € Zinsen.

Der Zinssatz beträgt ________ %.

4 Berechne die fehlenden Werte.

Kapital	630 €		2360 €	8448 €		972 €
Zinssatz	9 %	4,5 %		0,5 %	12 %	
Jahreszinsen		378 €	177 €		48,78 €	43,74 €

Positive und negative Zahlen

1 Wie heißen die gekennzeichneten Zahlen?

a)

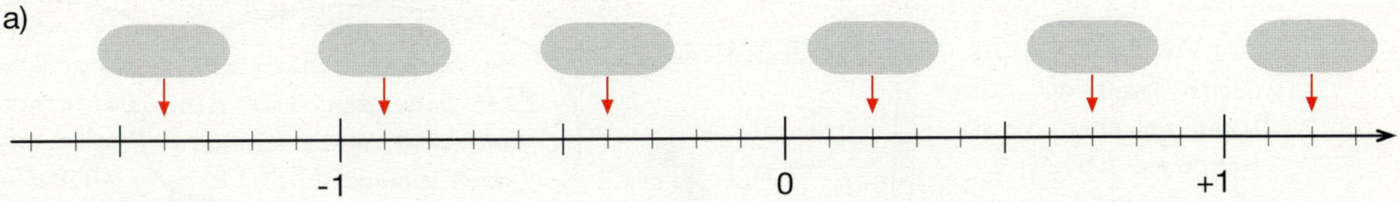

b)

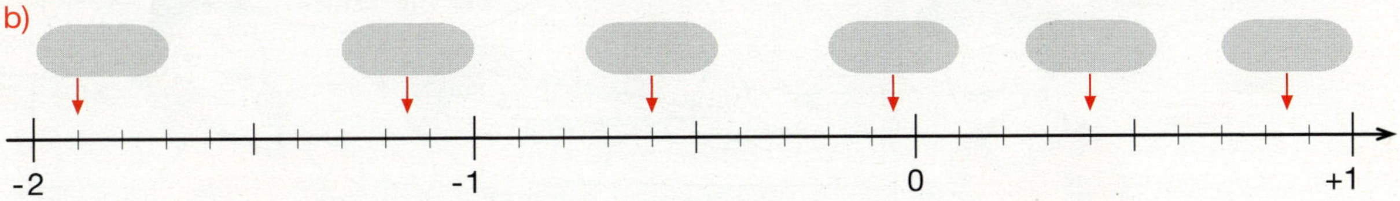

2 Kennzeichne die folgenden Zahlen.
+1,1; −1,7; −0,6; +0,8; −1,35; +0,25; +0,4; −0,05; −0,35

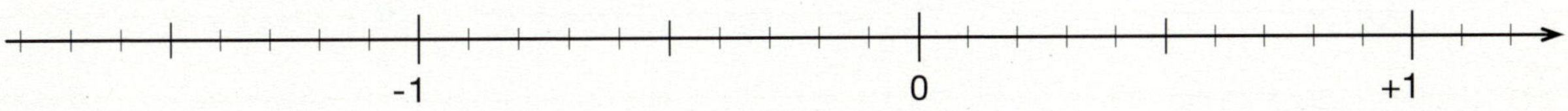

3 Vergleiche die Zahlen. Setze die Zeichen < oder > ein.

a)			b)			c)		
+3,7	☐	+3,65	+2,9	☐	+2,10	−1,2	☐	$-\frac{1}{2}$
0	☐	−9,4	−7,45	☐	−7,5	$-\frac{3}{5}$	☐	−3,5
+1,51	☐	−5,15	+10,01	☐	+10,10	−3,6	☐	$+\frac{7}{2}$

4 Ordne die Zahlen der Größe nach. Setze das Zeichen <.

a) −0,5; −1,9; +0,13; 0; −8,3; +1,7 ______________________

b) $-\frac{3}{4}$; $+\frac{4}{3}$; −4,3; $-1\frac{1}{5}$; +3,4; $+\frac{15}{6}$ ______________________

5 Trage die folgenden Zahlen und ihre Gegenzahlen ein.
$-\frac{3}{5}$; $+\frac{9}{10}$; −1,3; $-\frac{1}{4}$

Zahl	Gegenzahl	Betrag
−2,5	+2,5	2,5

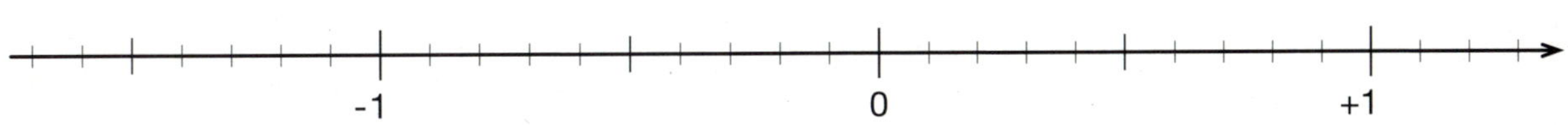

6 Welche Zahlen haben den gleichen Betrag? Kreise sie mit der gleichen Farbe ein.

a)

+4,6	$+\frac{16}{6}$	$-\frac{7}{2}$
+3,5	$-2\frac{2}{3}$	
$+\frac{46}{10}$	$-4\frac{3}{5}$	$-\frac{35}{10}$

b)

$+1\frac{3}{4}$	$-\frac{21}{7}$	$+\frac{12}{10}$
$-1\frac{1}{5}$	−1,75	+3
$-\frac{12}{4}$	$+\frac{14}{8}$	+1,2

Ganze und rationale Zahlen addieren

1 Schreibe jeweils eine Aufgabe und rechne aus.

a) ______ b) ______ c) ______

2

Rechne wie mit Guthaben und Schulden.

a) $+7$ + -15 = ______
-8 + -9 = ______
-17 + $+23$ = ______

b) $(-2{,}5) + (-3{,}5) =$ ______
$(+7{,}2) + (-16{,}4) =$ ______
$(-13{,}1) + (+18{,}4) =$ ______

c) $\left(-\frac{4}{10}\right) + \left(-\frac{1}{10}\right) =$ ______
$\left(+\frac{4}{5}\right) + \left(-\frac{6}{5}\right) =$ ______
$\left(-\frac{1}{2}\right) + \left(+\frac{7}{10}\right) =$ ______

3 Addiere die Zahlen in den Zeilen und Spalten. Addiere anschließend die Ergebnisse in der letzten Zeile und in der letzten Spalte. Was fällt dir auf?

a)

(−51)	(+12)	(+64)	
(+26)	(−39)	(+19)	
(−42)	(+47)	(−74)	

b)

(−4,5)	(+3,8)	(−0,6)	
(+8,1)	(−5,0)	(+6,2)	
(−10,4)	(+7,5)	(−0,1)	

4 Schreibe ohne Klammer und berechne. $(+11) + (-24) = 11 - 24 = -13$

a) $(+14) + (-19) =$ ______
$(-17) + (+17) =$ ______

b) $(-21) + (-16) =$ ______
$(-32) + (+13) =$ ______

5 a) $-48 - 36 =$ ______
$67 - 91 =$ ______

b) $13 - 46 + 27 =$ ______
$81 + 45 - 61 =$ ______

6 Vervollständige die Zauberquadrate.

a)

−8		
		−10
−4		

Summe: −6

b)

	−1,7	
+0,1	+0,7	

Summe: −1,5

c)

+17		
	−4	
+3		−25

Summe: ______

Ganze und rationale Zahlen subtrahieren

1 Addiere die Gegenzahl. (+7) − (+13) = (+7) + (−13) = −6

a) (+24) − (+16) = ______
(−25) − (−12) = ______
(+5) − (−16) = ______

b) (−30) − (−80) = ______
(−60) − (−40) = ______
(+20) − (−70) = ______

2 a) (+0,8) − (+1,8) = ______
(+3,9) − (−3,9) = ______
(−12,4) − (+12,4) = ______

b) (−3,8) − (−8,3) = ______
(+9,4) − (+2,9) = ______
(−16,3) − (−13,6) = ______

3 a)

−	(+9)	(−15)	(+200)	(−35)
(+5)				
(+35)				

b)

−	(−12)	(+13,5)	(−96,4)	(+1,6)
(−8)				
(−32,1)				

4 Subtrahiere immer wieder (−1,3) und schreibe die Ergebnisse in die Felder.

START: (−10,1)	(−8,8)							

5 Vervollständige die Subtraktionstürme.

a)

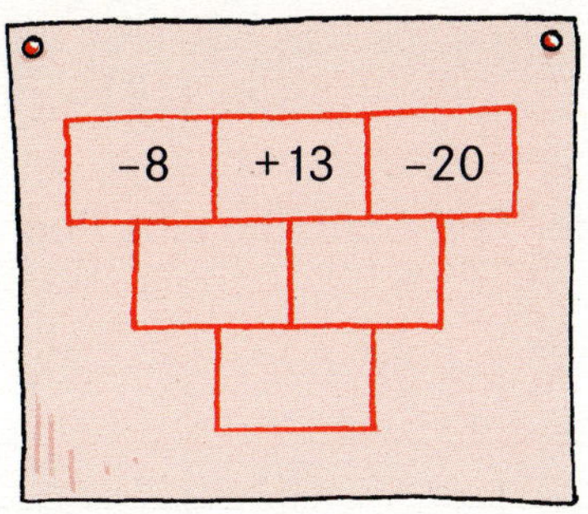

b)

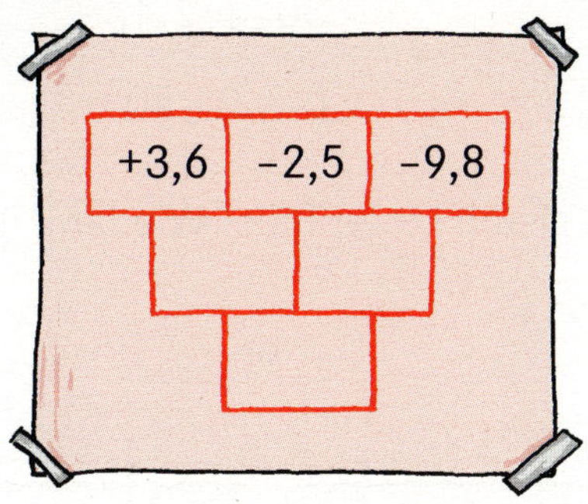

c)

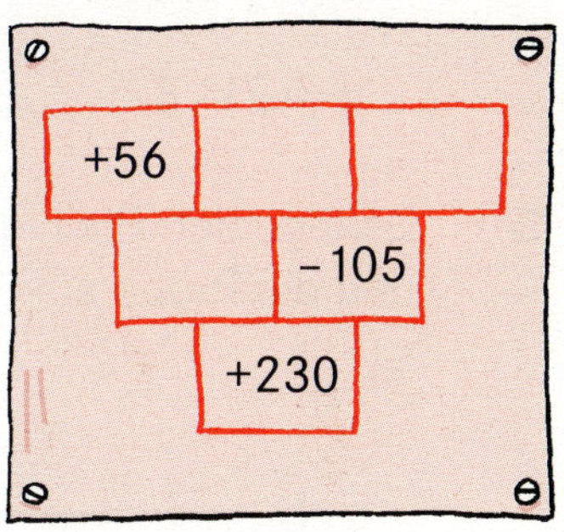

6 Wie heißen die fehlenden Zahlen?

a) (+4) − ______ = (−15)
______ − (+17) = (−41)

b) ______ − (−1,3) = (−3,8)
(−0,9) − ______ = (+2,5)

c) $\left(+\frac{1}{4}\right)$ − ______ = $-\frac{1}{4}$
______ − $\left(+\frac{3}{8}\right) = \left(+\frac{5}{8}\right)$

7 Setze passende Aufgaben zusammen. Verbinde.

a)

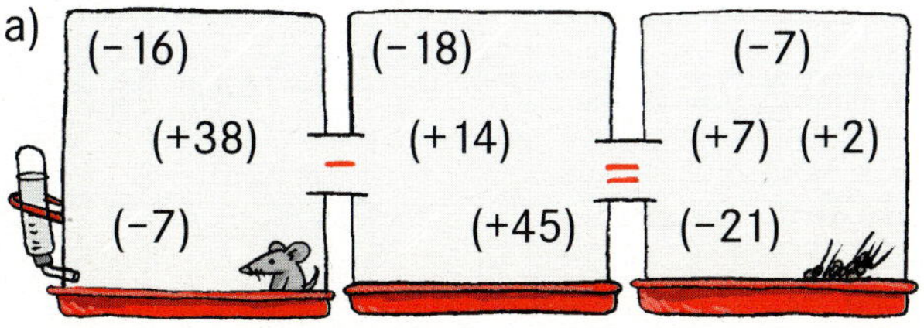

b)

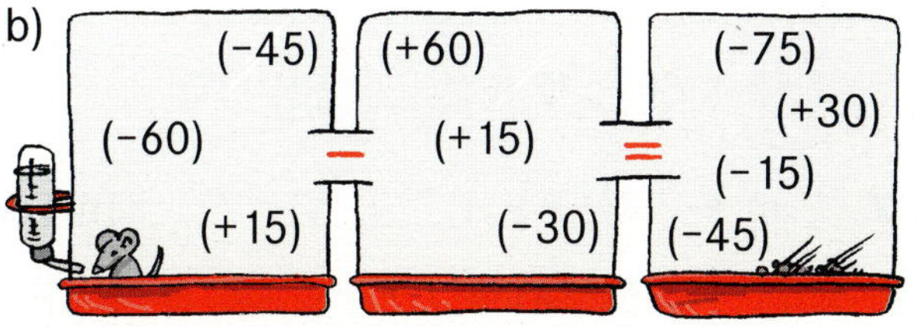

8 Schreibe ohne Klammer und berechne. (−8) − (−15) = −8 + 15 = 7

a) (−4) − (+9) = ______
(+8) − (−14) = ______

b) (−25) − (−10) = ______
(+210) − (+190) = ______

Ganze und rationale Zahlen vervielfachen und teilen

1 Welche Aufgaben sind im Pfeilbild dargestellt? Rechne aus.

a)

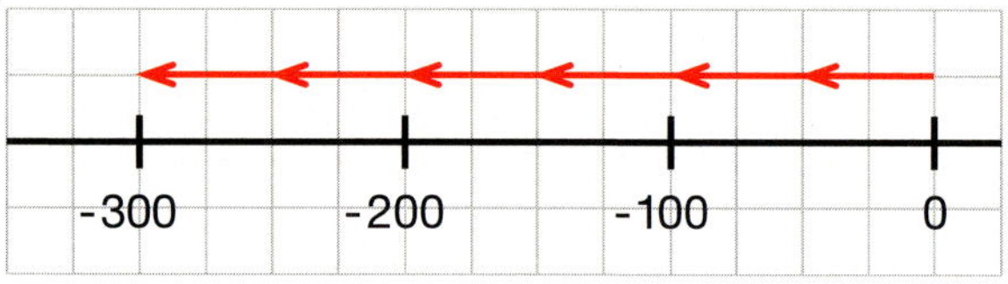

b)

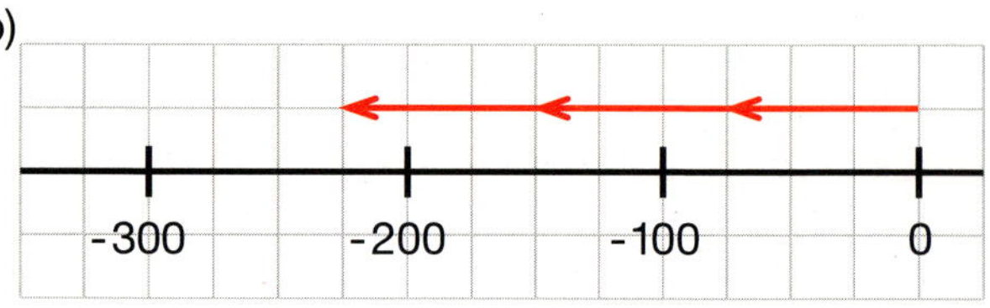

2 Schreibe als Produkt und berechne. $(-4) + (-4) + (-4) = 3 \cdot (-4) = (-12)$

a) $(-7) + (-7) + (-7) + (-7) =$ ______

$(+24) + (+24) + (+24) =$ ______

b) $(-3{,}5) + (-3{,}5) =$ ______

$(-0{,}6) + (-0{,}6) + (-0{,}6) + (-0{,}6) =$ ______

3 a) $7 \cdot (+13) =$ ______

$5 \cdot (-19) =$ ______

$16 \cdot (-4) =$ ______

b) $(-80) \cdot 2 =$ ______

$(-9) \cdot 90 =$ ______

$(+75) \cdot 40 =$ ______

c) $6 \cdot (-24) =$ ______

$12 \cdot (+12) =$ ______

$(-48) \cdot 5 =$ ______

4 a) $6 \cdot (+1{,}1) =$ ______

$10 \cdot (-6{,}3) =$ ______

$(-0{,}7) \cdot 8 =$ ______

b) $(-5{,}2) \cdot 40 =$ ______

$30 \cdot (+2{,}4) =$ ______

$(-7{,}2) \cdot 50 =$ ______

c) $2 \cdot \left(-\frac{3}{5}\right) =$ ______

$\left(-\frac{2}{3}\right) \cdot 6 =$ ______

$6 \cdot \left(-\frac{4}{9}\right) =$ ______

5 Zerlege den Pfeil in drei gleich lange Teile. Wie lang ist jeder Teil? Schreibe eine Rechnung und die Probe auf.

a)

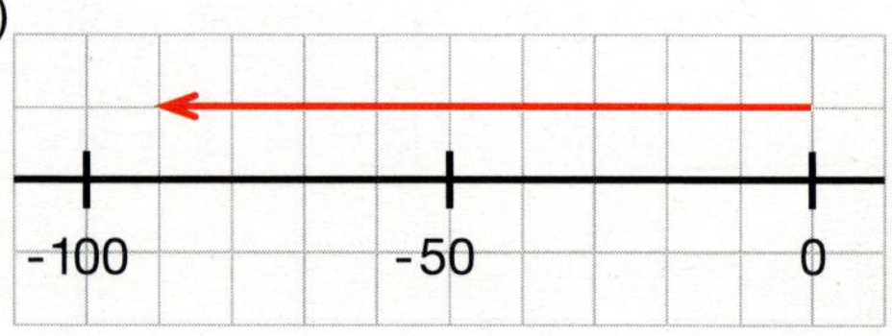

b)

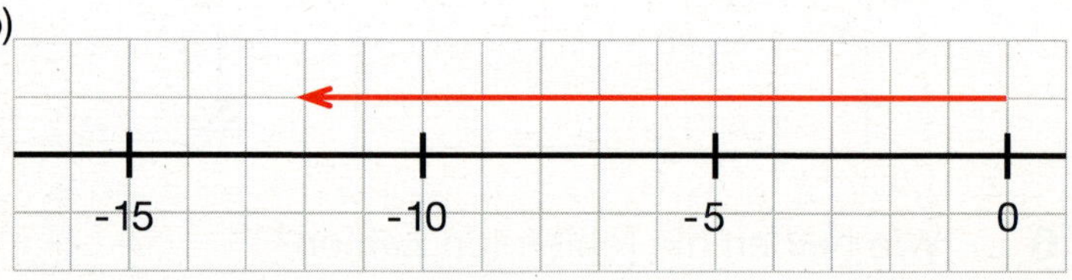

6 a) $(+21) : 3 =$ ______

$(-91) : 7 =$ ______

$(-84) : 12 =$ ______

b) $(-320) : 80 =$ ______

$(+630) : 9 =$ ______

$(-600) : 40 =$ ______

c) $(-108) : 12 =$ ______

$(-64) : 16 =$ ______

$(+144) : 18 =$ ______

7 a) $(+2{,}7) : 9 =$ ______

$(+6{,}5) : 10 =$ ______

$(+0{,}4) : 2 =$ ______

b) $(-32{,}5) : 5 =$ ______

$(-0{,}6) : 3 =$ ______

$(-1{,}2) : 40 =$ ______

c) $\left(+\frac{3}{10}\right) : 3 =$ ______

$\left(+\frac{8}{9}\right) : 4 =$ ______

$\left(+\frac{3}{4}\right) : 2 =$ ______

8 Luisa hat sich 36 € geliehen. Sie zahlt das Geld in 4 Raten zurück. Wie viel € Schulden hat sie jedes Mal weniger?

Ganze und rationale Zahlen multiplizieren

1 a) (+9) · (+11) = ______ b) (−30) · (−80) = ______ c) (+36) · (−5) = ______

Minus mal minus gleich plus...

(+6) · (−18) = ______ (−40) · (+40) = ______ (−6) · (−24) = ______

(−25) · (−9) = ______ (+20) · (−90) = ______ (−72) · (+4) = ______

2 a) (+0,5) · (+1,2) = ______ b) (−0,9) · (−0,4) = ______ c) $\left(+\frac{3}{5}\right) \cdot \left(-\frac{1}{5}\right)$ = ______

Minus mal plus gleich minus...

(−3,5) · (−0,6) = ______ (+0,2) · (−0,3) = ______ $\left(-\frac{1}{2}\right) \cdot \left(+\frac{1}{2}\right)$ = ______

(−1,2) · (+1,5) = ______ (−0,8) · (+0,8) = ______ $\left(-\frac{3}{4}\right) \cdot \left(-\frac{2}{3}\right)$ = ______

3 a)

·	(+8)	(−25)	(+300)	(−45)
(+5)				
(+30)				

b)

·	(−1,2)	(+3,5)	(−6,4)	(+1,6)
(−0,8)				
(−1,5)				

4 Vervollständige die Multiplikationspyramiden.

a) b) c)

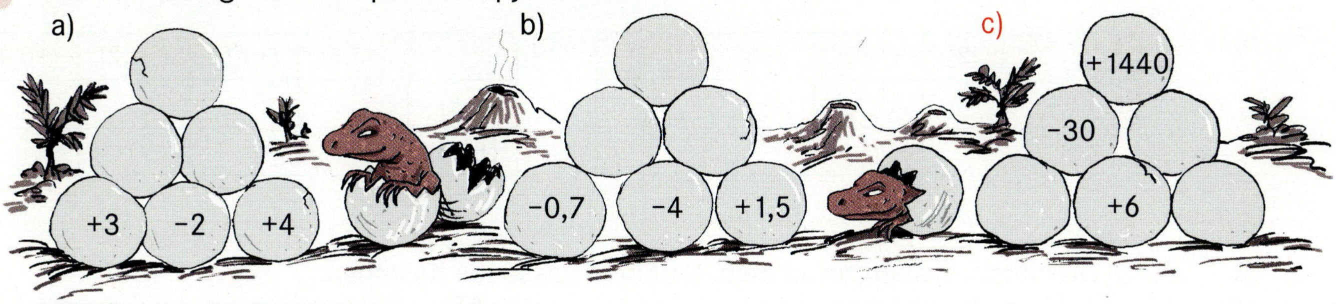

5 Ergänze die fehlenden Zahlen.

a) b)

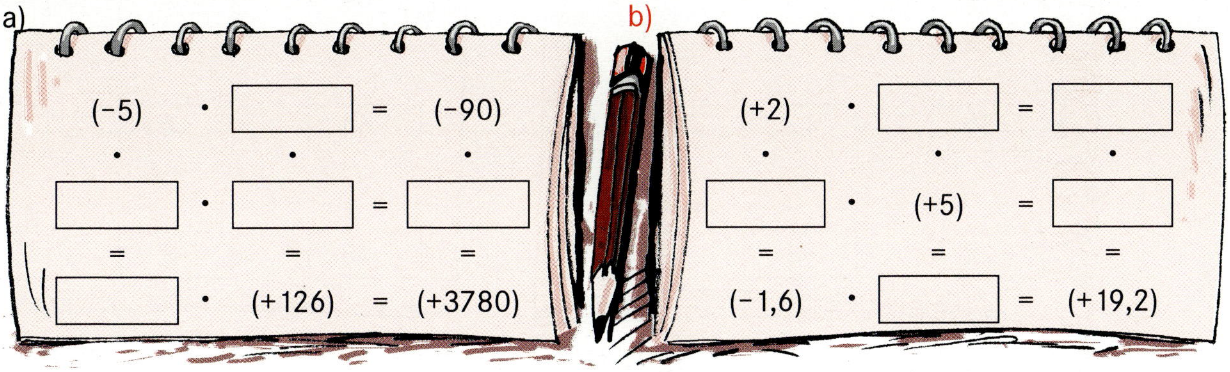

6 a) Multipliziere immer wieder mit (−2). Schreibe die Ergebnisse in die Felder.

START: (−3)	(+6)							

b) Multipliziere immer wieder mit (−0,5). Schreibe die Ergebnisse in die Felder.

START: (+64)	(−32)							

7 a) (+7) · (−3) · (+5) = ______ b) (−3) · (−15) · (+2) = ______ c) (−6) · (−25) · (−7) = ______

(−1) · (−1) · (−1) = ______ (+24) · (−8) · (0) = ______ (−5) · (+5) · (−5) = ______

Ganze und rationale Zahlen dividieren

1

Minus durch minus gleich plus...

a) (+42) : (+3) = ______
(−54) : (+6) = ______
(+48) : (−4) = ______

b) (−490) : (−70) = ______
(+360) : (−40) = ______
(−5600) : (+80) = ______

c) (−72) : (+24) = ______
(−108) : (−36) = ______
(+153) : (−17) = ______

2

Minus durch plus gleich minus...

a) (+2,7) : (+0,9) = ______
(−5,2) : (−0,4) = ______
(−3,6) : (−1,2) = ______

b) (−3,6) : (−4) = ______
(−7,2) : (+8) = ______
(+6,3) : (−7) = ______

c) (+25) : (−0,5) = ______
(−18) : (−0,3) = ______
(−56) : (+0,7) = ______

3 Multipliziere mit dem Kehrwert.

a) $(+5) : \left(+\frac{1}{3}\right) =$ ______
$(-8) : \left(-\frac{2}{5}\right) =$ ______
$(-4) : \left(+\frac{8}{9}\right) =$ ______

b) $\left(-\frac{1}{2}\right) : \left(-\frac{3}{4}\right) =$ ______
$\left(-\frac{4}{5}\right) : \left(+\frac{1}{2}\right) =$ ______
$\left(+\frac{8}{9}\right) : \left(-\frac{2}{3}\right) =$ ______

4

a)

:	(−12)	(+20)	(+8)	(−3)
(+120)				
(−36)				

b)

:	(−1,6)	(+1,5)	(−0,2)	(+0,4)
(−6)				
(+4,8)				

5 Setze Divisionsaufgaben zusammen. Verbinde passende Kästchen.

a)

b)

6 a) Dividiere immer wieder durch (−2). Schreibe die Ergebnisse in die Felder.

b) Dividiere immer wieder durch (−0,1). Schreibe die Ergebnisse in die Felder.

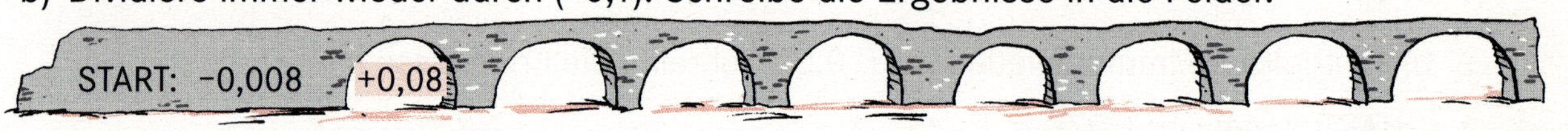

7 Wie heißen die fehlenden Zahlen?

a) (+48) : ______ = (−16)
______ : (+17) = (−4)

b) ______ : (+1,3) = (−0,5)
(−6,4) : ______ = (+0,8)

c) $\left(+\frac{5}{8}\right) :$ ______ $= \left(-\frac{1}{8}\right)$
______ $: (-3) = \left(+\frac{3}{10}\right)$

MACH DICH FIT!

1 a) Wie heißen die gekennzeichneten Zahlen? Trage ein.
b) Kennzeichne die folgenden Zahlen und ihre Gegenzahlen.
+1,3; −0,2; −0,45

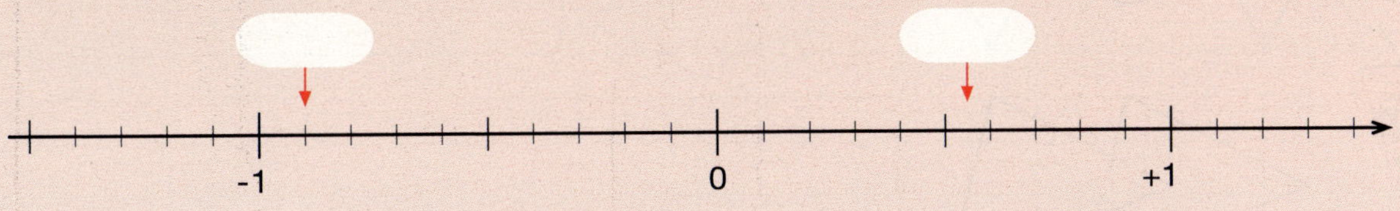

2 Vergleiche die Zahlen. Verwende die Zeichen < oder >.

a) −8,5 ☐ 0 b) +7,3 ☐ +7,0 c) $-\frac{3}{5}$ ☐ −3,4

−4,6 ☐ −4,61 +0,2 ☐ −0,19 +0,6 ☐ $+\frac{2}{3}$

3 Ordne die Zahlen der Größe nach. Setze das Zeichen <.

a) +0,7; −7,01; −7,9; +7,11; +7,7 ______

b) $+\frac{7}{2}$; −1,5; $+\frac{8}{8}$; +4; $-\frac{16}{4}$; +4,1 ______

4 a) (−27) + (−19) = ______ b) (−16) − (−33) = ______ c) (+24,6) + (−24,6) = ______

(+36) − (−67) = ______ (−135) − (+135) = ______ (−9,5) − (−3,5) = ______

5 a) 52 − 84 = ______ b) −15 − 43 + 25 = ______

−18 + 63 = ______ −120 − 260 − 120 = ______

6 a) (+14) · 8 = ______
(−85) : 5 = ______

b) (−9,8) : 7 = ______
4 · (+18,5) = ______

c) $(-\frac{8}{15}) : 2$ = ______
$100 \cdot (+\frac{9}{20})$ = ______

7 a) (+5) · (−72) = ______ b) (−20,4) · (−4) = ______ c) (+6,8) : (−0,4) = ______

(−65) : (−13) = ______ (−2,88) : (+6) = ______ (−1,5) · (+0,6) = ______

8 Frau Lang hat ihr Konto um 134,68 € überzogen. Dann wurden folgende Beträge gebucht: Überweisung für die Klassenfahrt der Tochter 220 €, Gehalt 1890,54 €, Krankenversicherungsbeitrag 218,74 €, Miete 494,50 €, Steuerrückzahlung 350 €. Berechne den neuen Kontostand.

Antwort: ______

Dreiecke

1 Setze die Dreiecksmuster fort.

2 a) Zeichne die Dreiecke in das Achsenkreuz.

(1) A (0|0); B (8|0); C (4|2) (2) A (11|0); B (15|0); C (15|3)
(3) A (0|1); B (6|3); C (0|4) (4) A (6|2); B (10|2); C (8|7)
(5) A (9|7); B (15|4); C (13|8) (6) A (0|5); B (6|5); C (3|8)

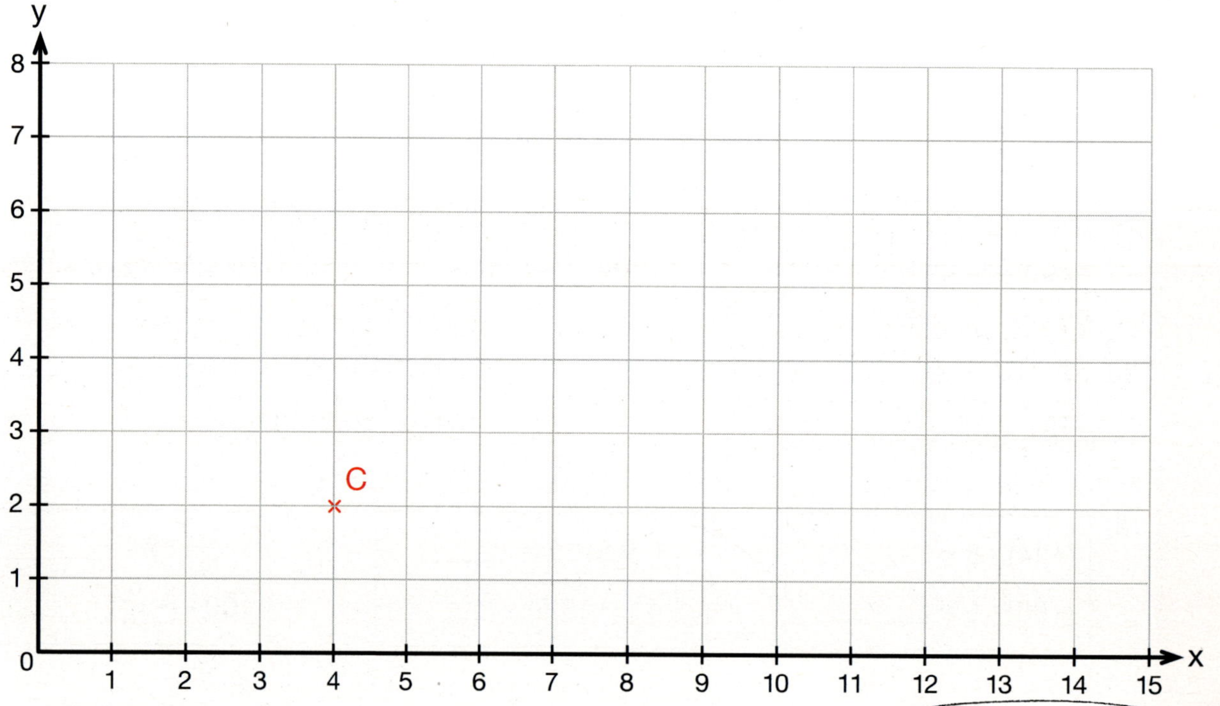

b) Miss die Seitenlängen und schreibe sie an die Seiten.

c) Miss jeweils die Winkel und trage sie ein. Überprüfe die Winkelsumme.

d) Trage die Nummern der Dreiecke in die Tabelle ein.

spitzwinklig	rechtwinklig	stumpfwinklig	zwei gleich lange Seiten

3 Berechne die fehlenden Winkel im Dreieck.

	a)	b)	c)	d)	e)	f)
Winkel α	63°	34°		15°	30°	60°
Winkel β	45°	56°	103°	15°		
Winkel γ			48°		75°	60°

Dreiecke konstruieren

1 Ergänze die Dreiecke nach der Planfigur. Miss die Winkel und Seiten und trage sie ein.

a)

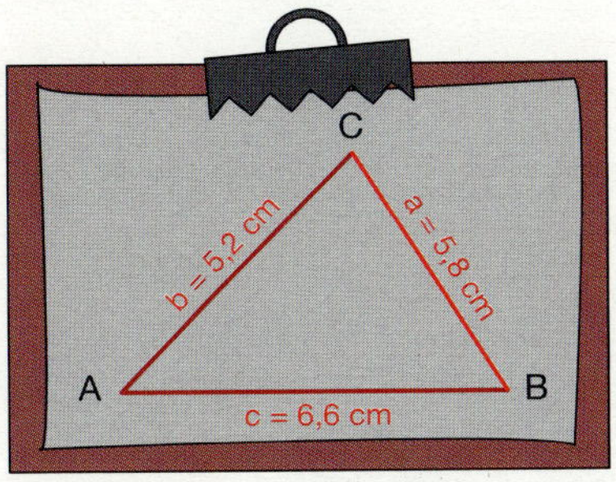

$\alpha =$ ______

$\beta =$ ______

$\gamma =$ ______

b)

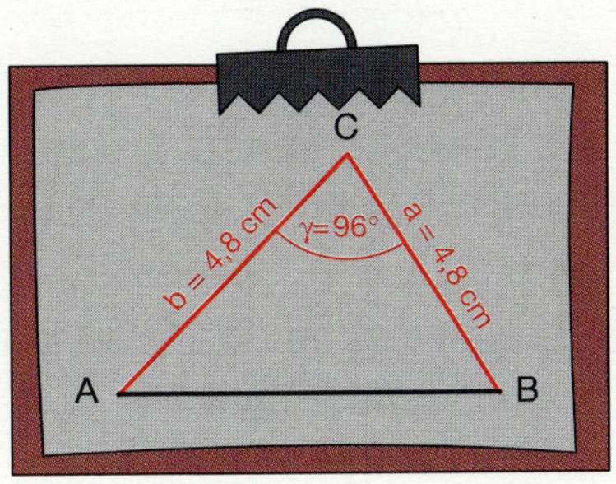

$\alpha =$ ______

$\beta =$ ______

$c =$ ______

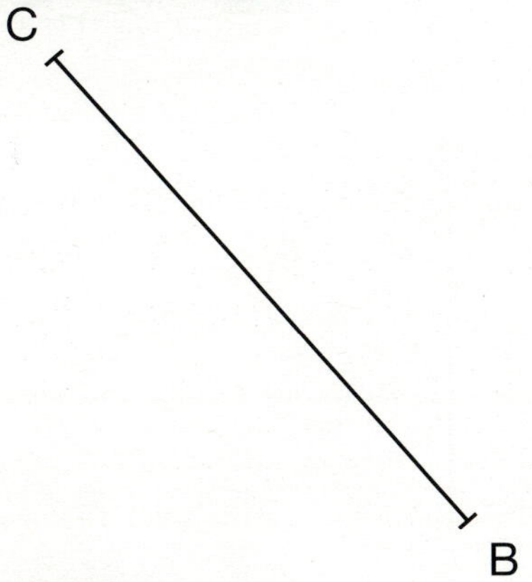

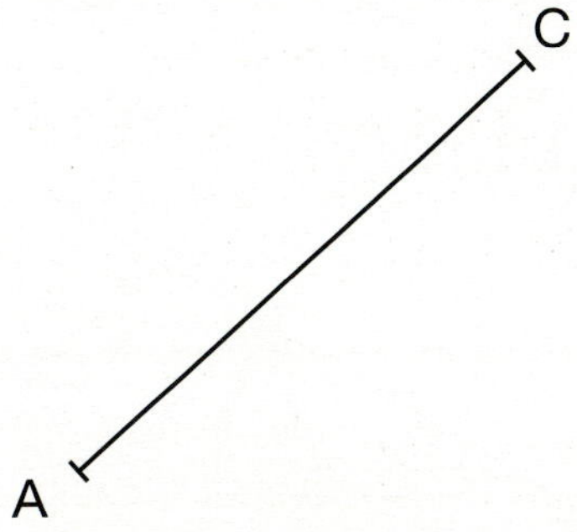

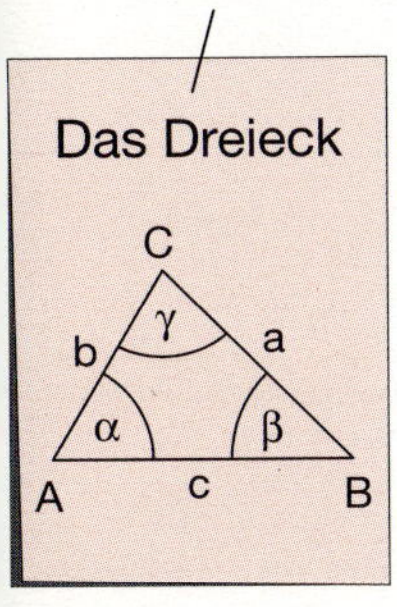

c)

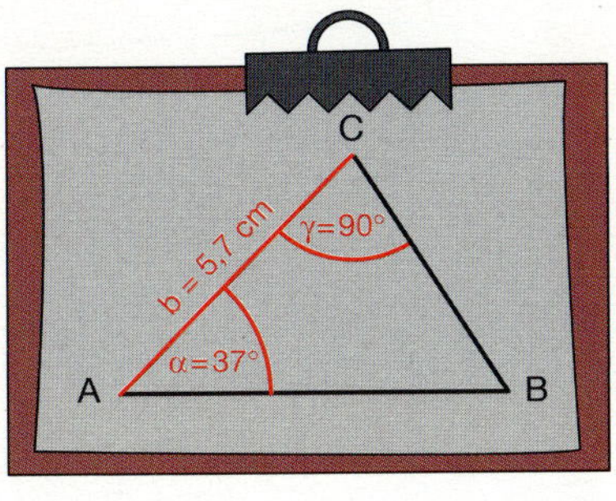

$\beta =$ ______

$a =$ ______

$c =$ ______

d)

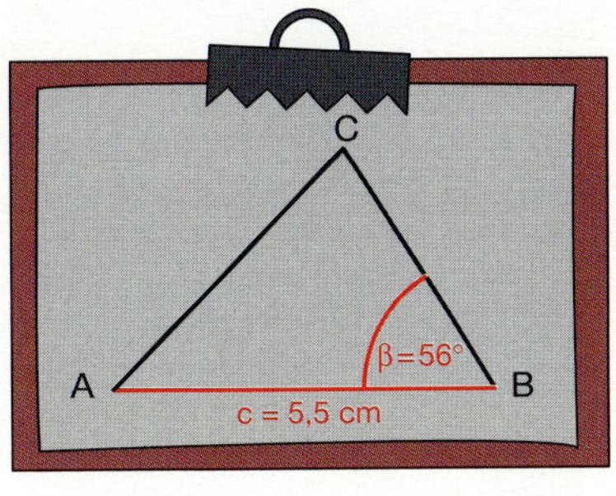

$\alpha = \beta =$ ______

$b = a =$ ______

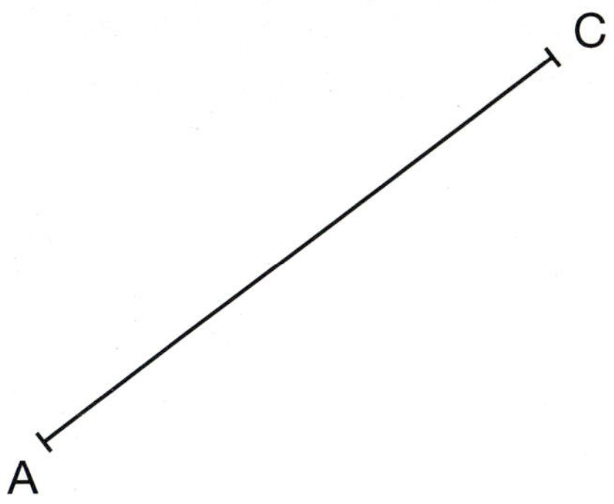

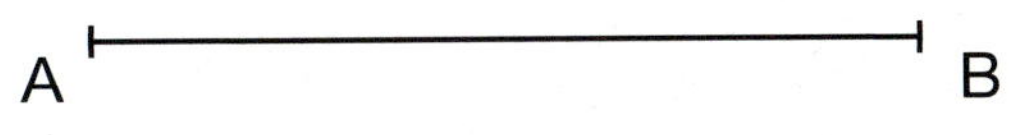

2 a) Versuche ein Dreieck mit a = 2,2 cm, b = 4,1 cm und c = 6,8 cm zu zeichnen.

b) Wie groß musst du die Seite a mindestens wählen, damit ein Dreieck entsteht?

____

1 Der Lenkdrachen besteht aus sechs Dreiecken.

a) Entnimm der Zeichnung die notwendigen Maße und konstruiere den Drachen aus den Dreiecken. Beginne an der Symmetrieachse.

b) Gib die Originallängen des Drachens an. Schreibe sie an die Seiten.

M1:11

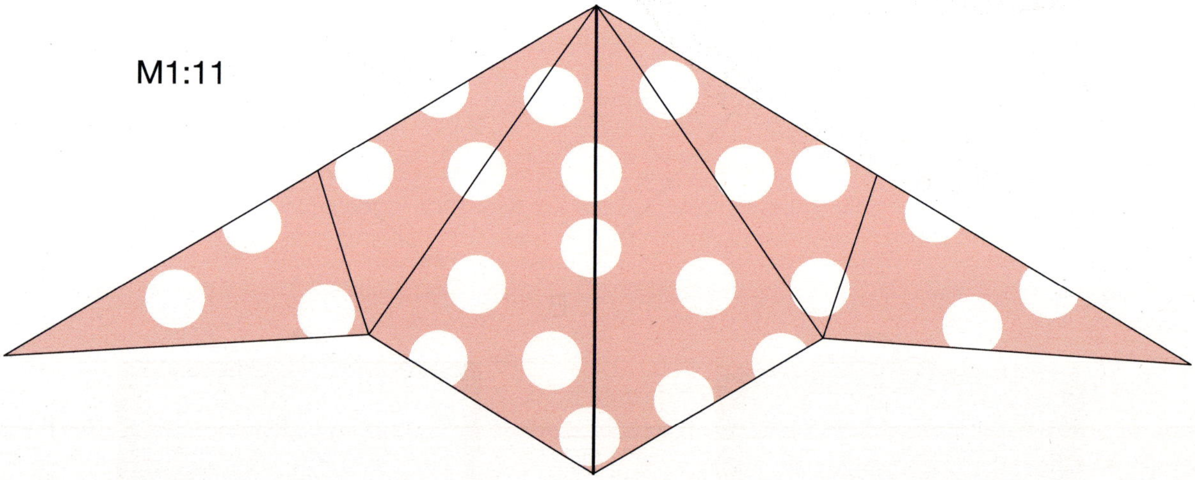

Sachaufgaben

1 In einem Neubaugebiet müssen die Satteldächer der Häuser eine vorgeschriebene Dachneigung haben. Ein Haus ist 10 m breit. Wie hoch wird jeweils der Giebel?
Ergänze die Dachformen im Maßstab 1:200 und schreibe die Länge der Höhe in die Zeichnung.

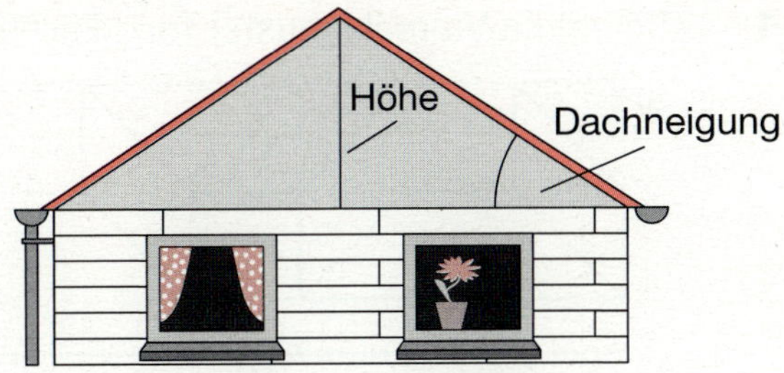

a) Dachneigung 30° b) Dachneigung 40° c) Dachneigung 45°

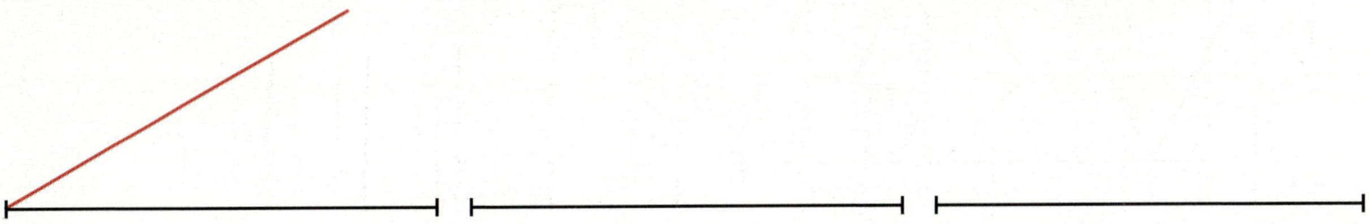

2 Vor dem Wald soll von B nach C eine Straße gebaut werden. Wie lang wird sie?
Konstruiere das Dreieck. Wähle einen geeigneten Maßstab.

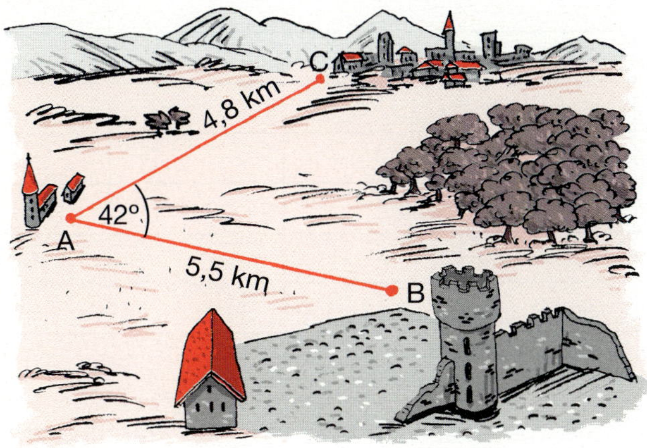

Die Straße wird ________ km lang.

3 Ein Schiff wird vor der Küste von den Leuchttürmen A und B angepeilt.
Konstruiere das Dreieck nach den Angaben und bestimme die Entfernungen.

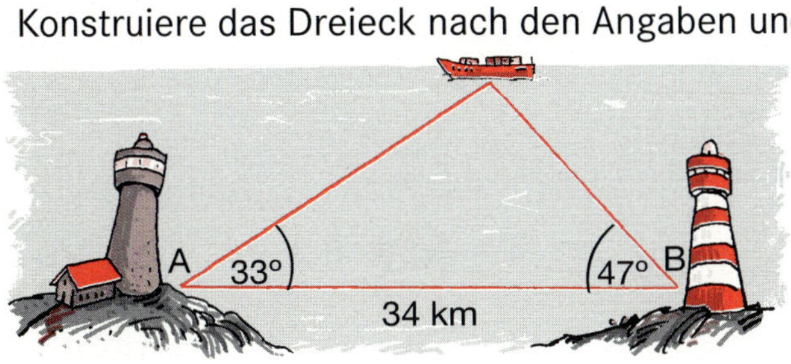

Das Schiff ist von A ________ km entfernt.

Von B ist das Schiff ________ km entfernt.

Das Schiff ist von der Küste ________ km entfernt.

Vierecke

1 Setze die Vierecksmuster fort. Färbe sie.

a)

b)

2 Ordne den Vierecken die Eigenschaften zu. Gib die Anzahl an.

	Rechteck 	Drachen 	Parallelogramm 	Raute 	Symmetrisches Trapez 	Quadrat 
Paare gleich großer Winkel						
Rechte Winkel						
Paare gleich großer Gegenwinkel						
Paare gleich großer Nachbarwinkel						
Symmetrieachsen						
Paare gleich langer Gegenseiten						
Paare paralleler Gegenseiten						
Paare gleich langer Nachbarseiten						

3 Ergänze die Figuren zu Vierecken.

a) Rechteck b) Raute c) Symmetrisches Trapez d) Parallelogramm

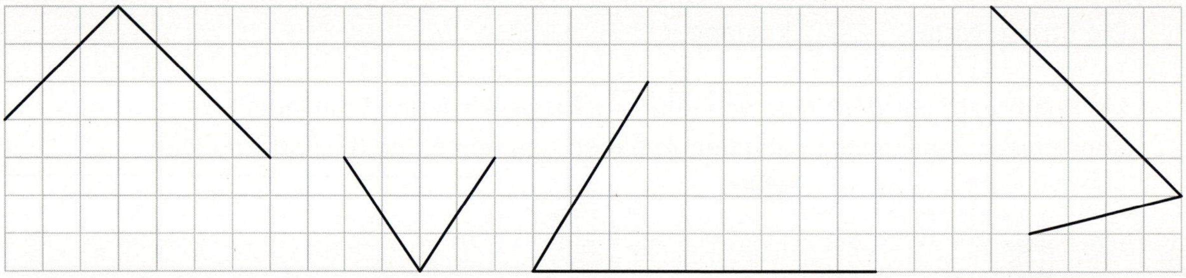

4 Berechne die fehlenden Winkel im Viereck.

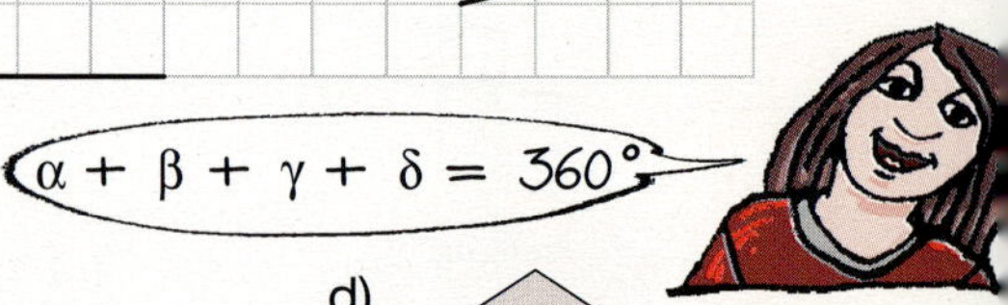

a)

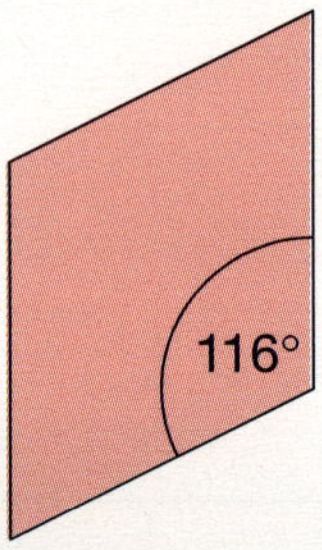

b)

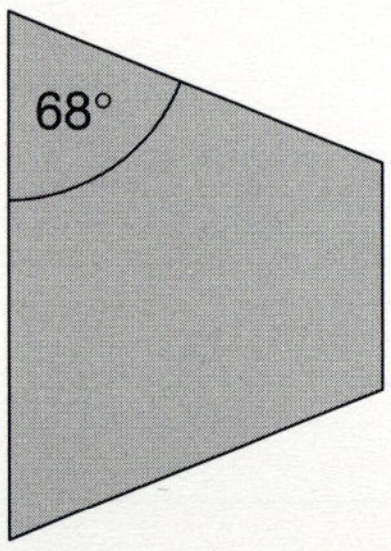

c)

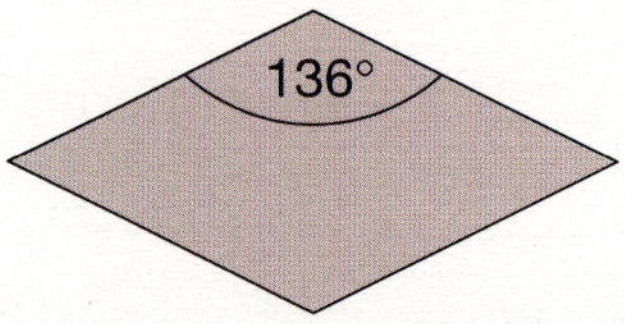

d)

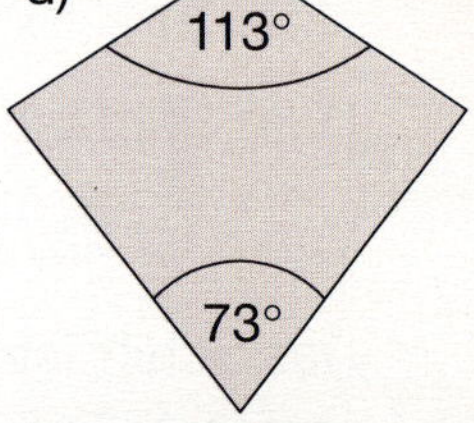

Vierecke konstruieren

1 Ergänze die Vierecke. Gib die Größe der fehlenden Stücke an.

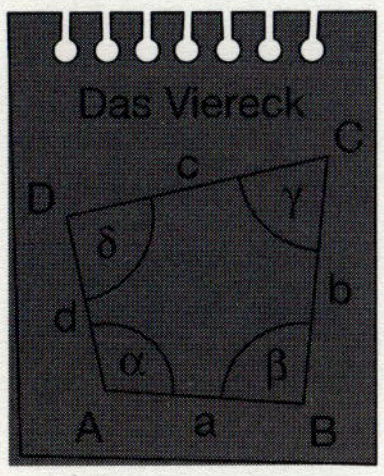

a) Parallelogramm:
$a = 5{,}5$ cm; $\alpha = 67°$; $d = 3$ cm

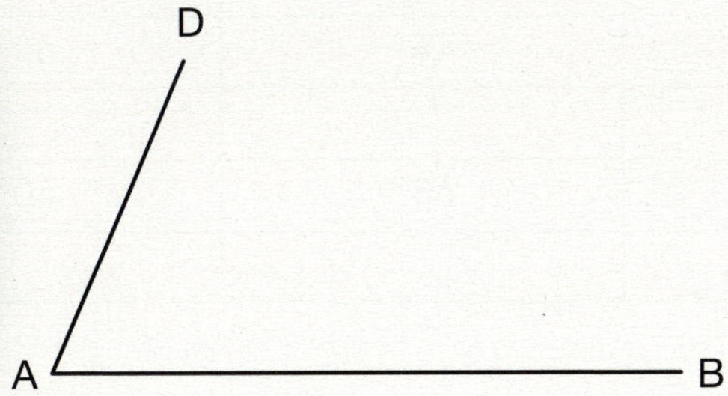

β = ______; γ = ______; δ = ______

b) Symmetrisches Trapez (a||c):
$a = 6$ cm; $\beta = 50°$; $b = 3{,}5$ cm

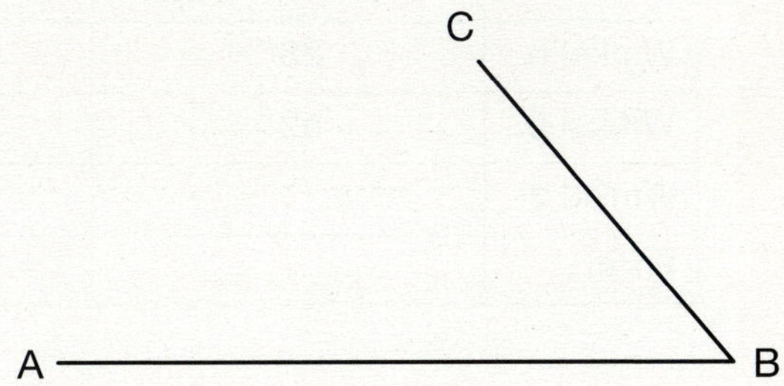

α = ____; γ = ____; δ = ____; c = ____

c) Raute:
$c = 3{,}3$ cm; $\gamma = 43°$

β = ______

b) Drachen (Symmetrieachse $\overline{AC}$):
$b = 2{,}7$ cm; $\gamma = 110°$; $d = 4{,}4$ cm

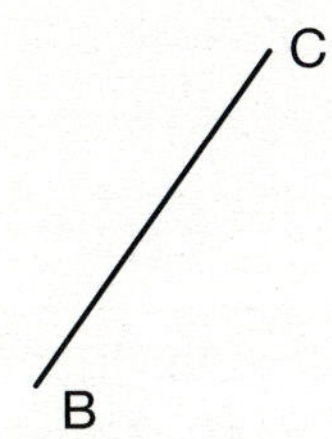

α = ______; β = ______; δ = ______

e) Quadrat: $d = 3{,}8$ cm

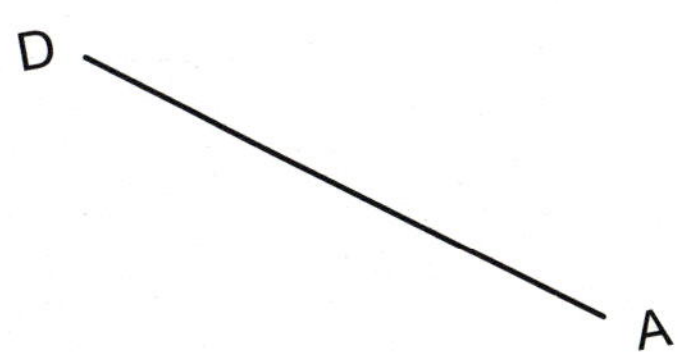

e = __________

f) Rechteck: $c = 2{,}8$ cm; $d = 4{,}6$ cm

e = __________

MACH DICH FIT!

1 Berechne die fehlenden Winkel im Dreieck. Gib die Form der Dreiecke an.

	a)	b)	c)	d)
Winkel α	28°		46°	60°
Winkel β	62°	37°		
Winkel γ		106°	63°	60°
Form				

2 a) Benenne die Vierecke und zeichne die Symmetrieachsen ein.
b) Berechne die fehlenden Winkel im Viereck.

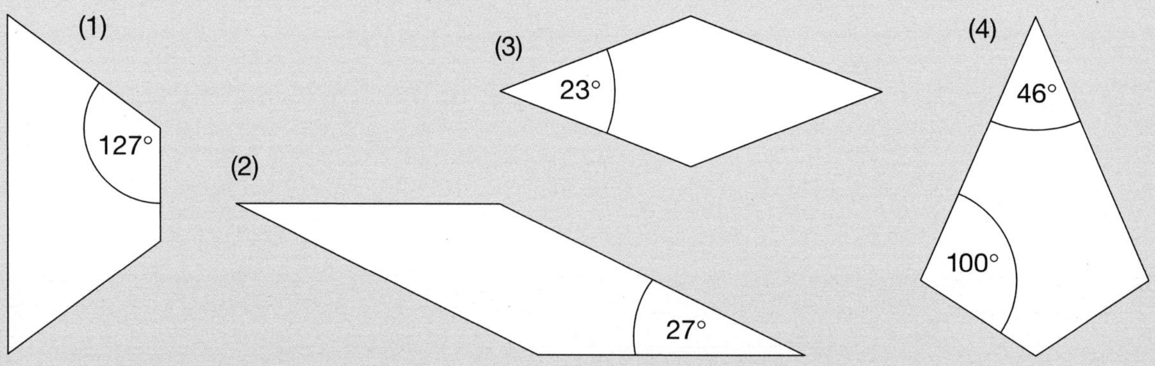

(1) ____________ (2) ____________ (3) ____________ (4) ____________

3 Auf einer Jugendfreizeit am Bodensee bestimmen Moritz und Kristin die Entfernung zur Insel Mainau. Konstruiere das Dreieck nach den Angaben.

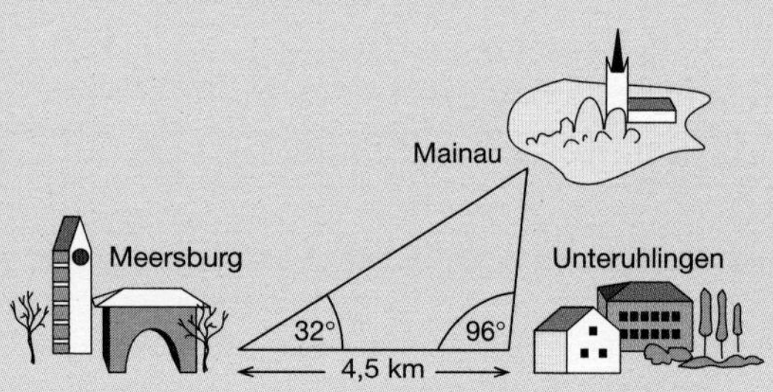

Von Unteruhlingen nach Mainau sind es

____________ km.

4 Am Bootshaus des Ruderclubs steht ein Flaggenmast. Bestimme seine Höhe.

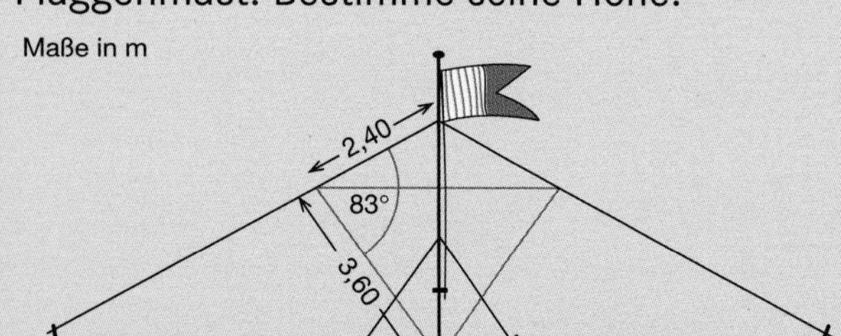

Der Mast ist ____________ m hoch.

Proportionale Zuordnungen

1 a) Oliver kauft 7 Schokoriegel für 4,41 €, von denen Hans 3 bekommt. Wie viel € muss er zahlen?

Stück	Preis
7	4, 4 1 €
1 (: 7)	
3 (· 3)	

Hans muss ____________ zahlen.

b) In einem Rezept für Kartoffelsalat werden 1800 g Kartoffeln für 8 Personen vorgeschlagen. Wie viel Gramm brauchen 5 Personen?

Anzahl	Gewicht
8	1 8 0 0 g

5 Personen brauchen ____________.

c) Frau Weiß hat 28 *l* Benzin für 27,16 € getankt. Herr Adam will 40 *l* tanken. Wie viel € muss er bezahlen?

Liter	Euro

Herr Adam muss ____________ bezahlen.

d) Mit 150 ml einer Lackfarbe kann man 2 m² Fläche streichen. Wie viel Milliliter braucht man für 9 m²?

Für 9 m² braucht man ____________.

2 30 Schulbücher kosten 240 €. Ergänze die Tabelle.

Anzahl	30	6	18	90	96			
Preis	240 €					80 €	64 €	160 €

3

Inge, Sabine und Hakan kaufen zusammen günstig ein:
1 Palette Jogurt,
2 Kartons Fruchtsaft,
1 Großpackung Müsli.

Inge bezahlt 8 Jogurt und 10 Fruchtsäfte; Sabine 7 Jogurt und 8 Säfte; Hakan 5 Jogurt und 6 Fruchtsäfte.
Das Müsli wird in drei gleiche Teile aufgeteilt.
Wie viel € müssen sie jeweils bezahlen?

Umgekehrt proportionale Zuordnungen

1

Berechnen mit der Gesamtgröße

Vier Arbeiter schaufeln eine Grube in 45 Minuten zu.

a) Vervollständige die Tabelle.

b) Wie lange dauert es, wenn ein Arbeiter ausfällt?

____

c) Es können zwei Arbeiter zusätzlich eingesetzt werden.

____

Anzahl	Zeit	Gesamtzeit
1		
2		
3		
4	45 min	4 · 45 = 180
5		
6		

2

Berechnen mit dem Dreisatz

a) Ulrikes Taschengeld reicht bei einer täglichen Ausgabe von 2 € für 30 Tage. Wie lange reicht es bei 2,50 €?

	Euro	Tage	
	2	30	
: 2	1	______	· 2
· 2,5	2,50	______	: 2

Es reicht dann ____________ Tage.

b) Jedes der 20 Mitglieder einer Wandergruppe zahlt 1,80 € für einen Ausflug. Wie viel zahlt jeder bei 24 Mitgliedern?

Jetzt muss jeder ____________ € zahlen.

3

Ein Reisebus mit 60 Plätzen hat einen festen Preis. Ergänze die Tabelle.

Anzahl Personen	60	50	45	40	30			
Preis pro Person	30 €					120 €	90 €	72 €

4

25 Webmaschinen benötigen 6 Stunden, um einen Auftragsposten Wolle herzustellen. Wie viele Maschinen schaffen den Auftrag in 5 Stunden?

____

5

Spieler	Euro

Proportional und umgekehrt proportional

1 Berechne proportionale Zuordnungen auf der linken Seite und umgekehrt proportionale Zuordnungen auf der rechten Seite.

a) Eine Maschine stellt in einer Stunde 9000 Schrauben her. Wie viele Minuten braucht sie für 3600 Schrauben?

b) Eine Hausgemeinschaft teilt sich die Kosten für die Pflege des Vorgartens. Von 12 Personen zahlt jeder 25 Euro. Durch Auszug verringert sich die Anzahl der Personen auf zehn. Wie viel Euro muss jetzt jeder zahlen?

c) Ein Bäcker liefert täglich 25 Brötchen für 14 Euro in ein Mietshaus. Familie Mann erhält davon sechs. Wie viel Euro muss sie bezahlen?

d) Vier Rasenmäher mähen eine Parkwiese in 4 h 30 min. Wie viel Rasenmäher schaffen die Arbeit in 3 Stunden?

proportional	umgekehrt proportional

2 Ein Sciencefictionroman hat 512 Seiten mit jeweils 60 Zeilen.

a) Für eine Taschenbuchausgabe wird eine kleinere Schrift gewählt. Das Buch hat noch 480 Seiten. Wie viele Zeilen passen auf eine Seite? ______________________

b) Ein Verlag stellt um und druckt auf eine Seite nur 48 Zeilen. Wie viele Seiten hat diese Ausgabe? ______________________

3 Von einem Computer-Drucker werden 180 Seiten Text in 15 min ausgedruckt.

a) Wie lange braucht er für 300 Seiten? ______________________

b) Wie viele Seiten druckt er in 35 min? ______________________

MACH DICH FIT!

1 Bestimme die Art der Zuordnung und berechne.

a) 15 Grillsteaks kosten 36 €.
Wie viel kosten 12 Steaks?

b) 12 Stunden haben Maurer für eine Mauer gebraucht. Die nächste Mauer soll in 8 Stunden fertig sein.

c) Bei einer täglichen Ausgabe von 18 Euro würde Majas Geld 15 Tage reichen. Sie gibt täglich 30 Euro aus.

d) 12 Energieriegel wiegen 2,100 kg.
Wie viel wiegen 30 Riegel?

2 8 Hefte kosten 3,92 Euro. Ergänze die Tabelle.

Anzahl	8	4	24	36		
Preis	3,92 €				7,84 €	9,80 €

3 Ein Ausflugsdampfer mit 120 Plätzen hat einen festen Preis. Ergänze die Tabelle.

Anzahl Personen	120	40	80	90		
Preis pro Person	15 €				18 €	60 €

4 Claudia hat in den Ferien mit verschiedenen Jobs Geld verdient.

Saskia möchte in den nächsten Ferien die gleichen Arbeiten machen. Sie plant
15 Stunden Babysitting,
12 Stunden Zeitung austragen,
10 Stunden Hilfe beim Nachbarn.

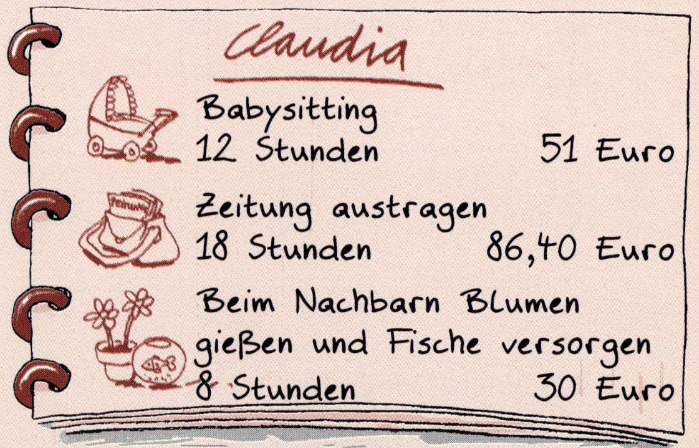

Mit welchem Verdienst kann sie rechnen?

Babysitting: ____________ € Zeitung: ____________ € Nachbar: ____________ €

Antwort: ____

Parallelogramme berechnen

Flächeninhalt des Parallelogramms

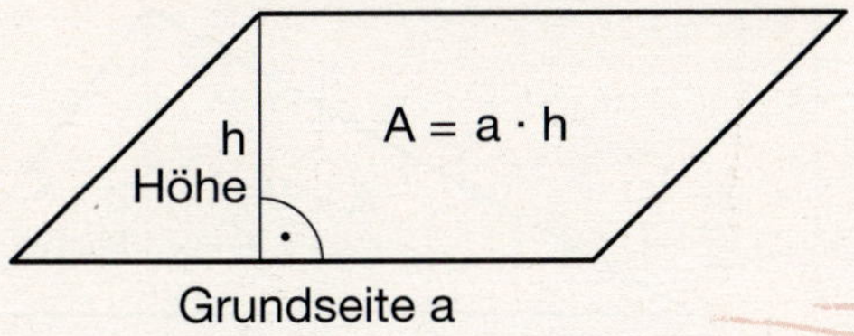

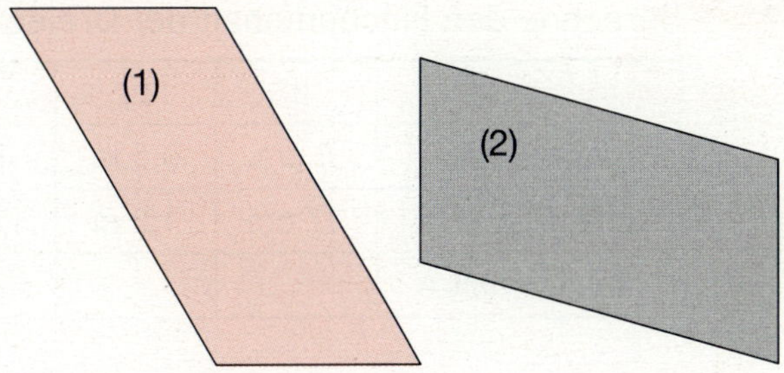

1 a) Bestimme den Flächeninhalt der Parallelogramme.
b) Miss die Seitenlängen und bestimme den Umfang.

A = A =

u = u =

2 Bestimme die fehlenden Werte der Parallelogramme. Achte auf die Maßeinheit.

	a)	b)	c)	d)	e)	f)	g)
Grundseite a	12 m	3 m	18 cm	12 dm	6 m		9 dm
Höhe h	1,5 m	16 dm	0,4 m			16 cm	
Flächeninhalt A				108 dm^2	156 m^2	256 cm^2	4500 cm^2

3

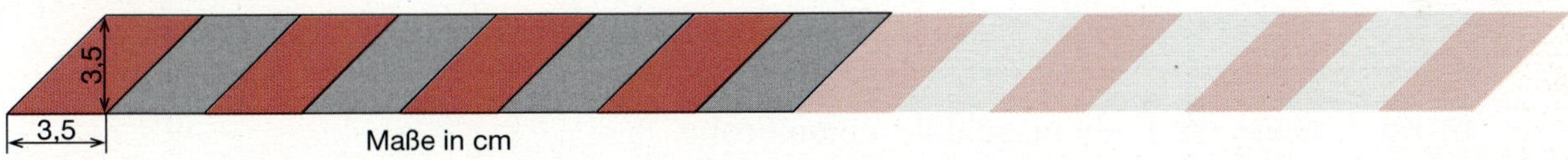

Die farbige Bordüre für die Bodenfliesen wird in Platten zu acht Parallelogrammen angeboten.
a) Berechne den Flächeninhalt einer Platte.
b) Eine Platte kostet 5,95 €. Berechne den Quadratmeterpreis.

4 Der Spiegel soll erneuert werden.

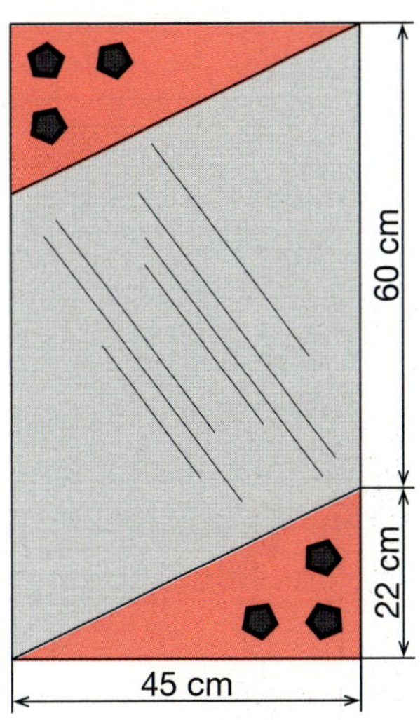

a) Wie groß ist der Spiegel?

b) Die zu zahlende Fläche ergibt sich aus dem umgebenden Rechteck.

c) Ein Quadratmeter Spiegelglas kostet 80 €. Berechne den Preis.

d) Wie viel Prozent beträgt der Abfall?

Dreiecke berechnen

1 Berechne den Flächeninhalt der Dreiecke.

	a)	b)	c)
Grundseite g	8 cm	0,5 m	4 dm
Höhe h	17 cm	1,2 m	1,9 dm
Flächeninhalt A			

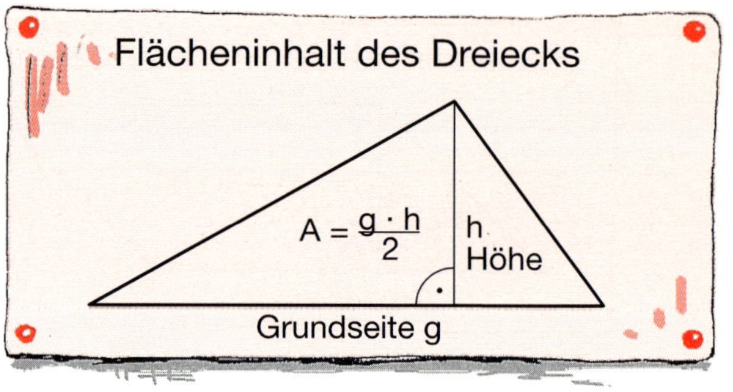

2 a) Bestimme die Flächeninhalte der Dreiecke.

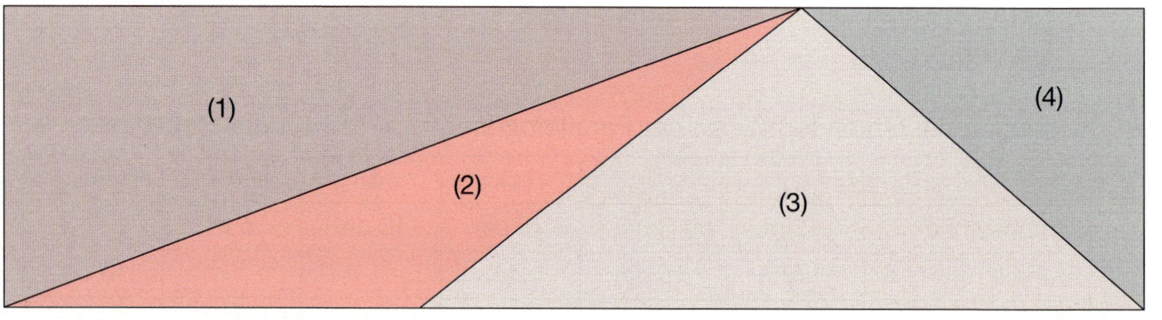

A_1 = ____________ A_2 = ____________ A_3 = ____________ A_4 = ____________

b) Kontrolliere die Ergebnisse durch eine Probe.

Summe der Flächeninhalte: ____________

Flächeninhalt des Rechtecks: ____________

c) Miss die Seitenlängen und bestimme zu jedem Dreieck den Umfang.

u_1 = ____________ u_2 = ____________ u_3 = ____________ u_4 = ____________

3 Bestimme die fehlenden Werte der Dreiecke. Achte auf die Maßeinheit.

	a)	b)	c)	d)	e)	f)	g)
Grundseite g	15 cm	5 m	75 cm	9 cm	24 dm		45 dm
Höhe h	6 dm	28 dm	0,8 m			12 cm	
Flächeninhalt A				72 cm²	120 dm²	60 cm²	9 cm²

4 Jannis hat den Segel-Grundschein. Deshalb möchte er nur ein Boot mit einer kleinen Segelfläche ausleihen. Sie soll nicht mehr als 10 m² groß sein. Welche Boote kommen für ihn infrage?

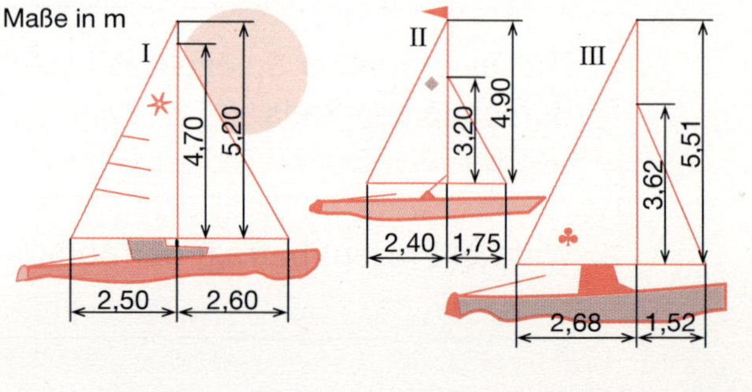

Trapeze berechnen

1 Bestimme den Flächeninhalt der Trapeze.

	a)	b)	c)
Grundseite a	4 cm	13 dm	3,7 m
Grundseite c	9 cm	7 dm	11,3 m
Höhe h	6 cm	5 dm	8 m
Flächeninhalt A			

Flächeninhalt des Trapezes

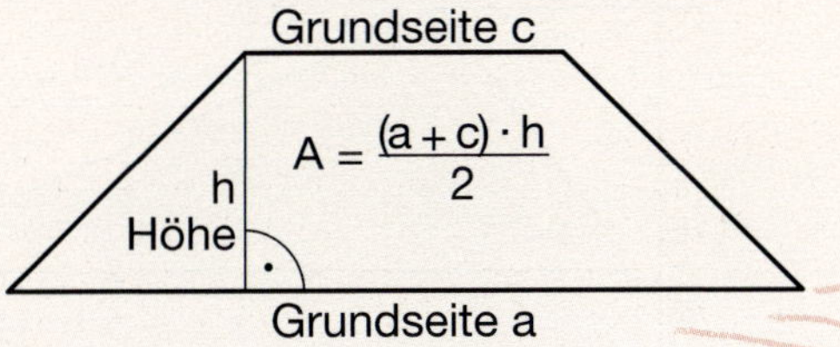

2 a) Trage die Grundseite a blau, die Grundseite c grün und die Höhe h rot ein. Berechne den Flächeninhalt der Trapeze.

b) Miss die Seitenlängen und bestimme den Umfang der Trapeze.

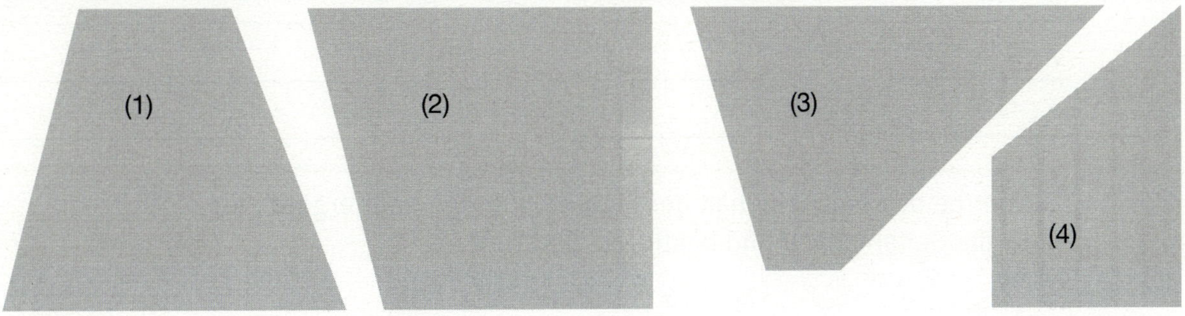

A_1 = ______ A_2 = ______ A_3 = ______ A_4 = ______

u_1 = ______ u_2 = ______ u_3 = ______ u_4 = ______

3 Welche Trapeze gehören zu den Flächeninhalten? Ordne zu.

a	42 cm²	b	33 cm²	c	32 cm²	d	54 cm²	e	26 cm²	f	56 cm²

Maße in cm

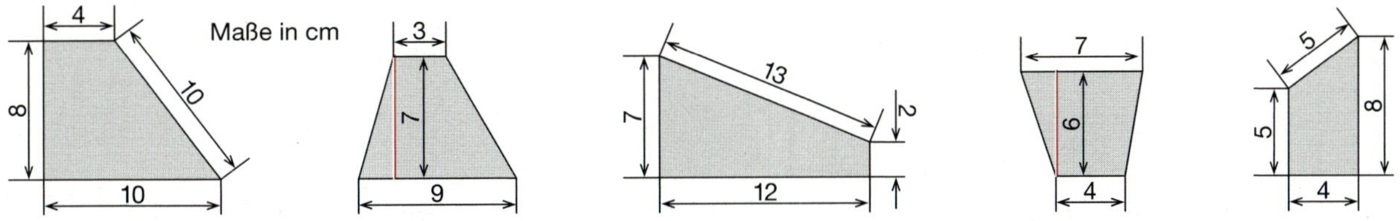

A		B		C		D		E	

4 Bestimme die fehlenden Werte der Trapeze. Achte auf die Maßeinheit.

	a)	b)	c)	d)	e)	f)	g)
Grundseite a	7 dm	0,75 m	2,4 dm	12 cm	5 m		14 cm
Grundseite c	2 dm	1,15 m	6 cm	8 cm	60 dm	15 m	
Höhe h	0,8 m	80 cm	1,3 m			70 m	19 cm
Flächeninhalt A				90 cm²	66 m²	2800 m²	190 cm²

Drachen und Rauten berechnen

1 Bestimme den Flächeninhalt des Drachens auf zwei Arten.

a) Zerlegen in zwei Dreiecke.

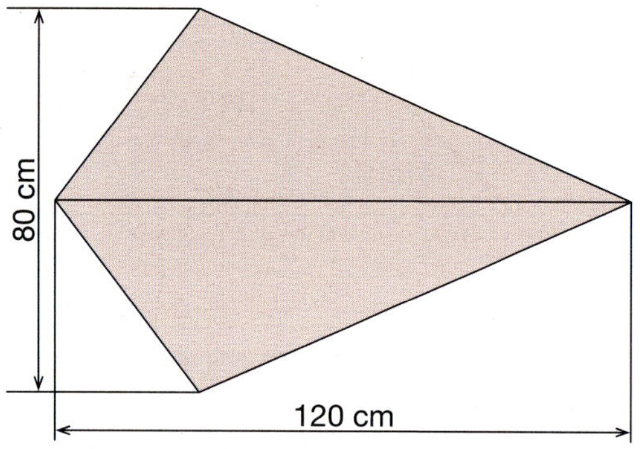

A_{Δ} = ______

$2 \cdot A_{\Delta}$ = ______

$A_{◇}$ = ______

b) Ergänzen zu einem Rechteck.

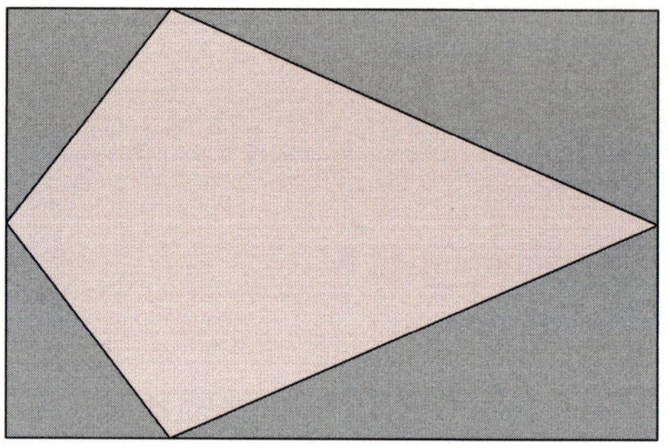

$A_{\square}$ = ______

$\frac{A}{2}$ = ______

$A_{◇}$ = ______

2 a) Bestimme den Flächeninhalt der Figuren. Zerlege oder ergänze sie.
b) Miss die Seitenlängen und bestimme den Umfang.

(1)

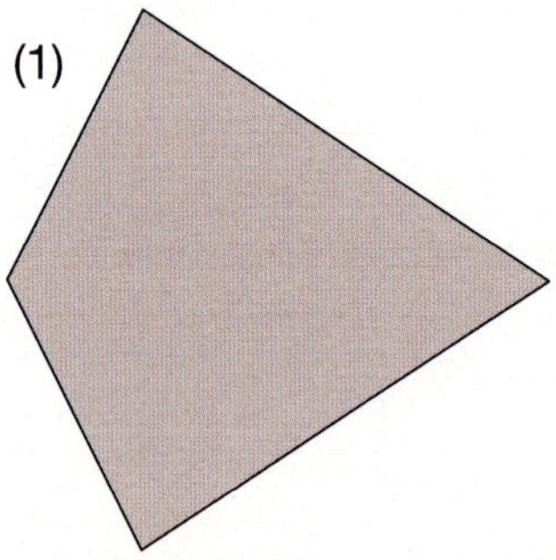

(2)

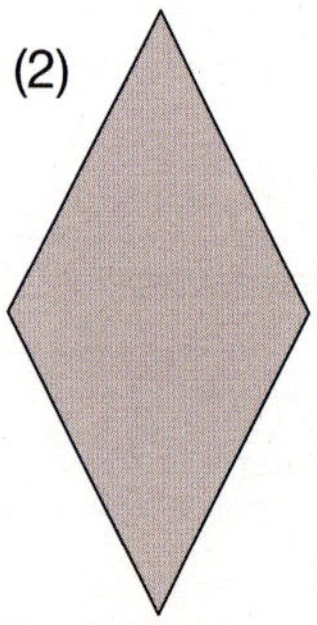

(3)

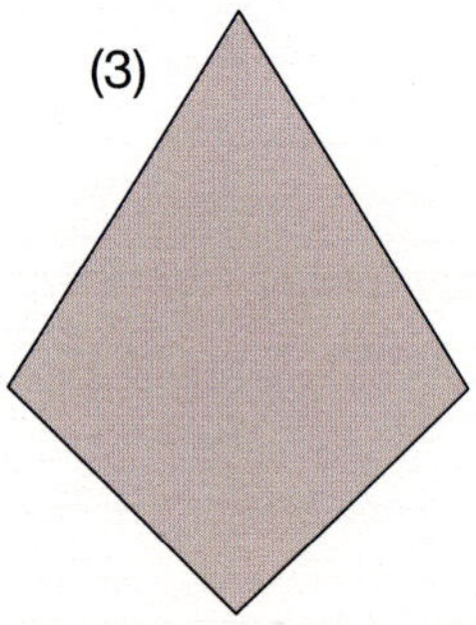

(4)

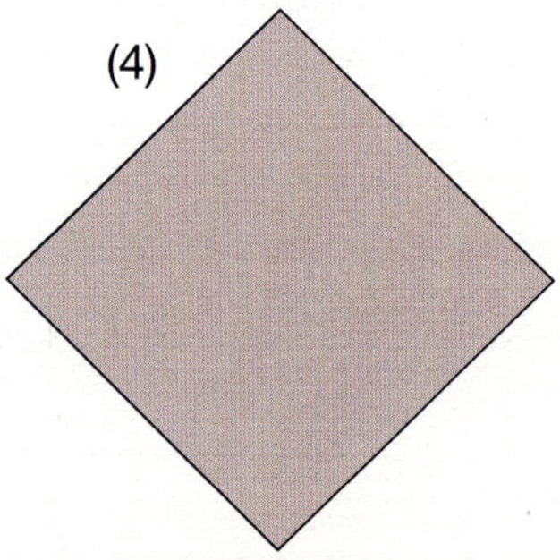

A_1 =	A_2 =	A_3 =	A_4 =
u_1 =	u_2 =	u_3 =	u_4 =

3 Berechne den Flächeninhalt der Drachen. Zerlege oder ergänze.

a)

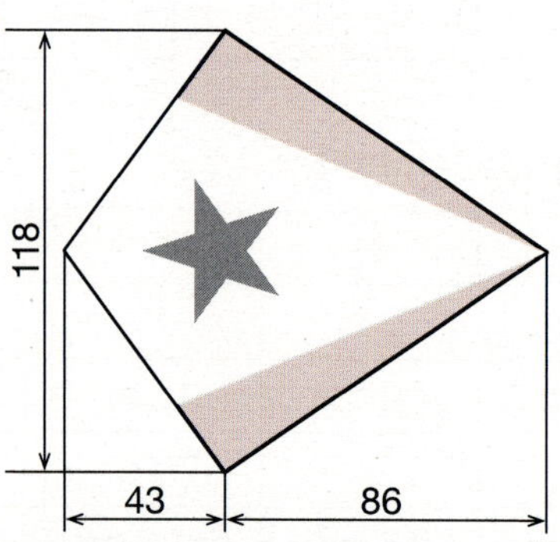

A = ______

b)

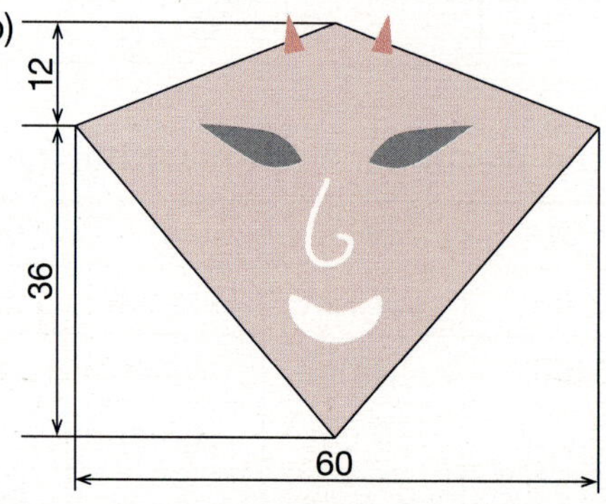

A = ______

c)

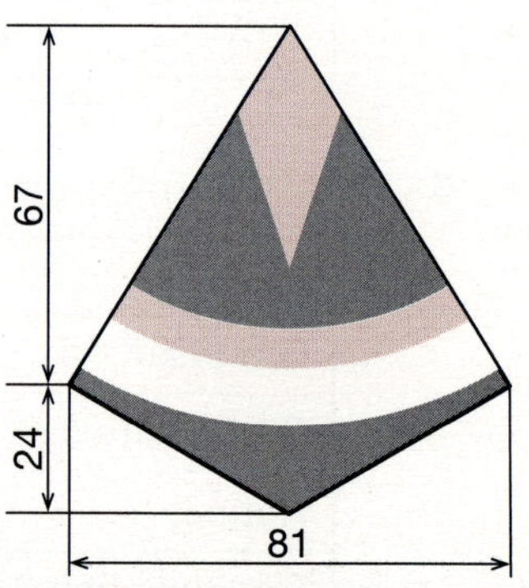

A = ______

Unregelmäßige Vielecke berechnen

1 Berechne den Flächeninhalt der zusammengesetzten Fläche auf zwei Arten. (Maße in m)

a) Zerlegen; Flächen addieren

b) Ergänzen; Flächen subtrahieren

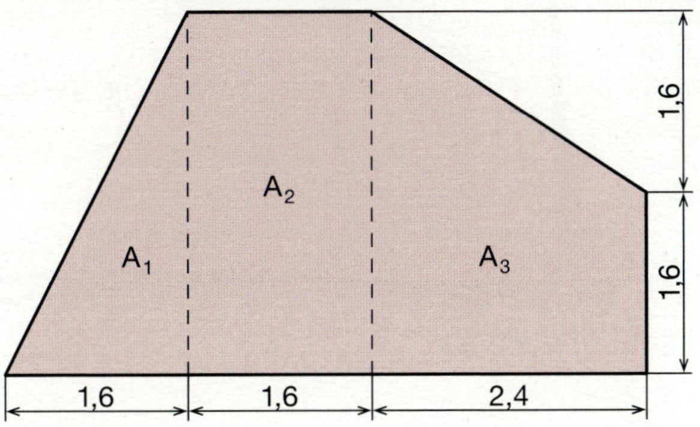

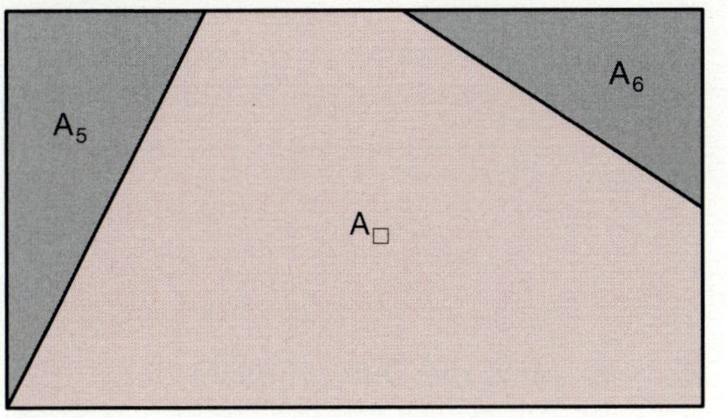

A_1 = ______________________

A_2 = ______________________

A_3 = ______________________

$A_1 + A_2 + A_3$ = ______________________

$A_□$ = ______________________

A_5 = ______________________

A_6 = ______________________

$A_□ - A_5 - A_6$ = ______________________

2 Berechne den Flächeninhalt der Figuren. Zerlege oder ergänze sie. (Maße in cm)

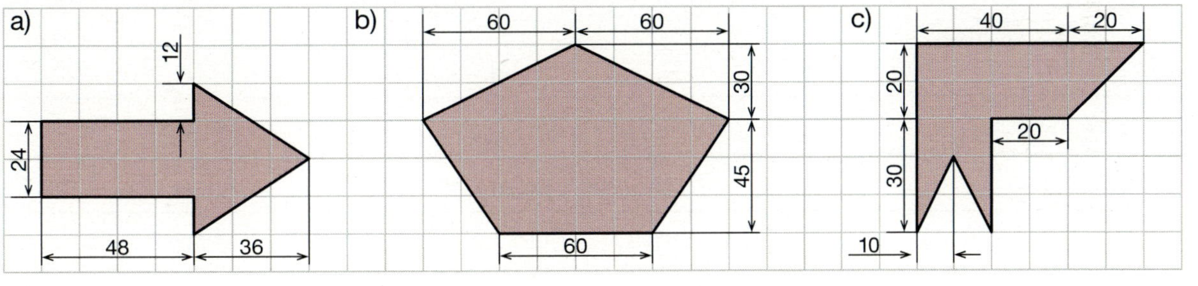

______________________ ______________________ ______________________

______________________ ______________________ ______________________

______________________ ______________________ ______________________

3 Jill möchte ihr Zimmer tapezieren.

a) Zunächst ermittelt sie die Fläche einer Stirnwand. Wie groß ist diese?

b) Das Zimmer ist 5,25 m lang. Wie viel Tapete wird für die beiden Seitenwände benötigt?

Materialbedarf:

Stirnwände: ______________________

Seitenwände: ______________________

Gesamt: ______________________

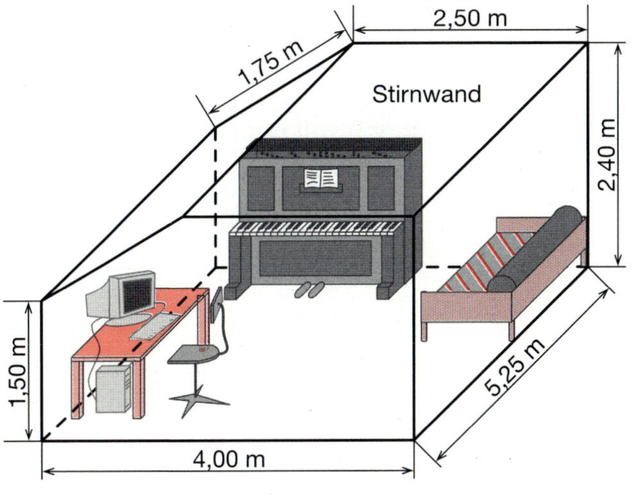

Umfang des Kreises

1 Bestimme den Umfang des Kreises

	a)	b)	c)
Durchmesser d	6,5 cm	9,2 dm	4,9 m
Umfang u			

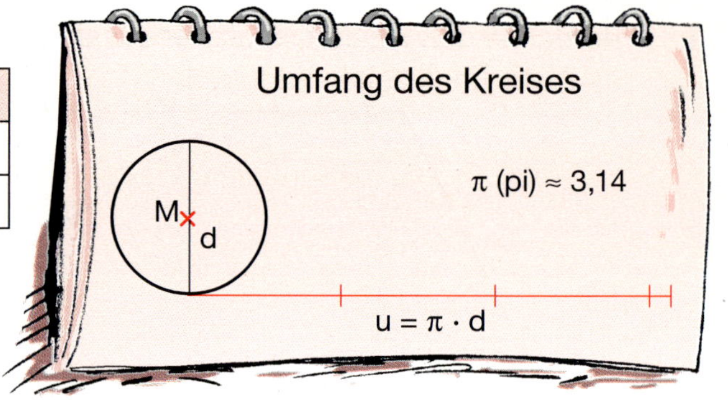

2 a) Miss die Durchmesser der Kreise und schreibe sie auf.
b) Gib jeweils die Länge des Radius an.
c) Berechne die Länge des Umfangs und zeichne.

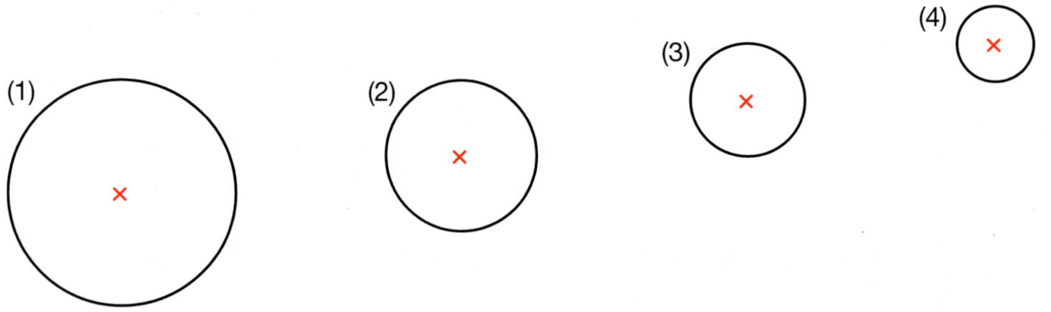

d_1 = ______ d_2 = ______ d_3 = ______ d_4 = ______

r_1 = ______ r_2 = ______ r_3 = ______ r_4 = ______

u_1 = ______ u_2 = ______ u_3 = ______ u_4 = ______

______ ______ ______ ______

3 Bestimme die fehlenden Werte der Kreise.

	a)	b)	c)	d)	e)	f)	g)
Radius r	91 cm		7,5 m		3,6 dm		
Durchmesser d		35 dm		8,3 cm			
Umfang u						30 m	180 dm

4 Der Fußboden soll mit einem Kreismuster verziert werden.

a) Die rechteckigen Plättchen sind 2,4 cm breit und 9,5 cm lang. Wie viele werden benötigt?

______

b) Die kleinen quadratischen Fliesen haben eine Seitenlänge von 5 cm. Wie viele Fliesen werden benötigt?

______

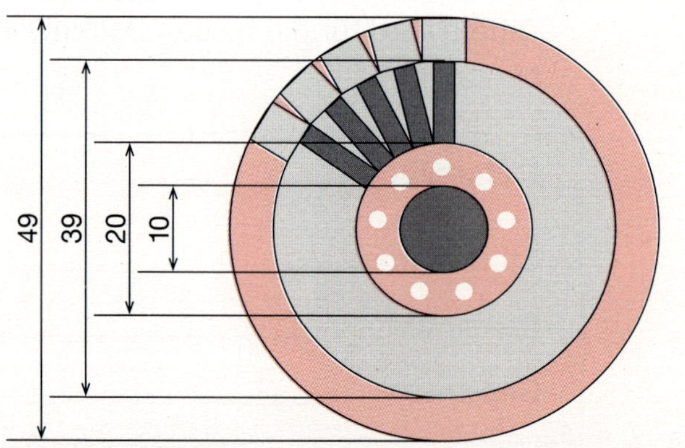

Flächeninhalt des Kreises

1 Bestimme den Flächeninhalt des Kreises.

	a)	b)	c)
Radius r	2,6 cm	81 dm	1,8 m
Flächeninhalt A			

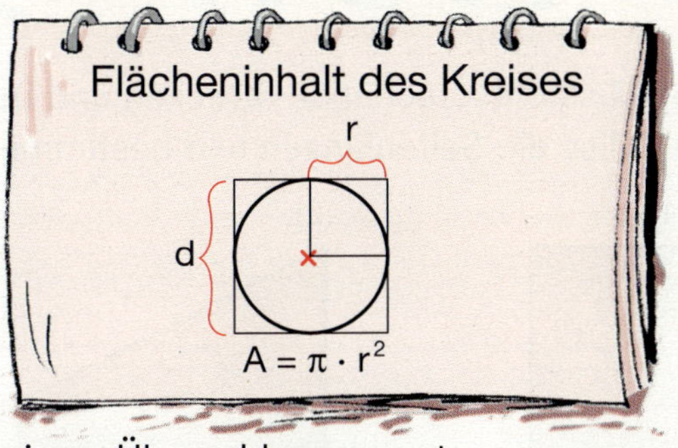

2 a) Zeichne einen Pfeil zum Flächeninhalt des Kreises. Überschlage zuerst.

Radius r	3 cm	1 cm	5 cm	10 cm	4 cm	2 cm
Flächeninhalt A	$3{,}14\ cm^2$	$28{,}27\ cm^2$	$314{,}16\ cm^2$	$78{,}54\ cm^2$	$12{,}57\ cm^2$	$50{,}27\ cm^2$

b) Vergleiche die Radien und die Flächeninhalte.

____

3 Bestimme die fehlenden Werte der Kreise.

	a)	b)	c)	d)	e)	f)	g)
Durchmesser d		37 dm		6,9 cm		5,8 cm	
Radius r	14 cm		92 m		13,4 m		36,4 dm
Flächeninhalt A							

4 Ein kreisförmiger Teppich (d = 3,75 m) wird in der Teppichreinigung gewaschen und neu eingefasst. Wie hoch ist der Rechnungsbetrag? Fülle den Rechnungsbeleg aus.

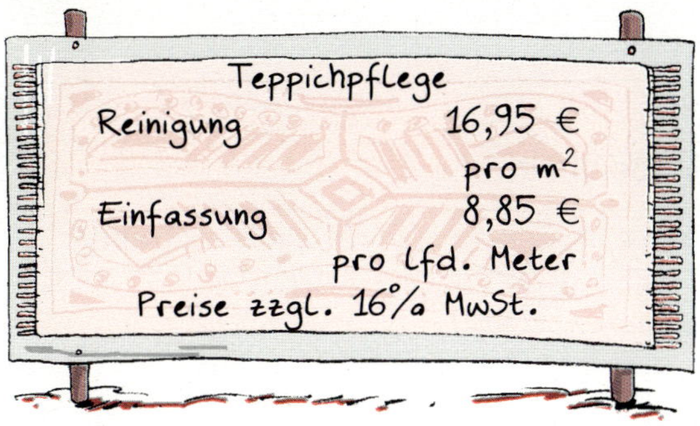

Menge	Einzelpreis	Gesamtpreis
m^2	16,95 €	
m	8,85 €	
Zwischensumme		
16% MwSt.		
Rechnungsbetrag		

5 Berechne den Flächeninhalt der roten Flächen. Der Durchmesser d des großen Kreises ist gegeben.

a) d = 12 cm

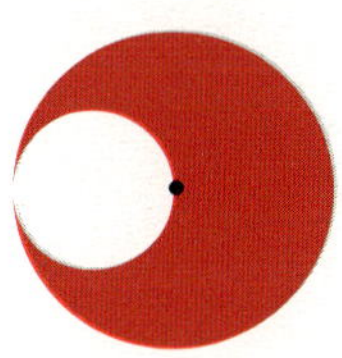

A = ____________

b) d = 20 dm

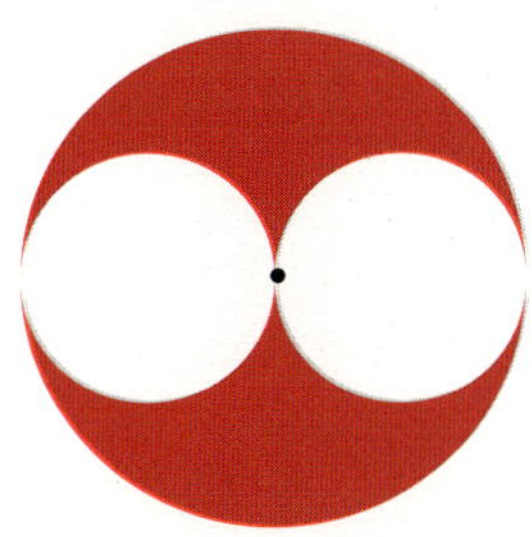

A = ____________

c) d = 18 cm

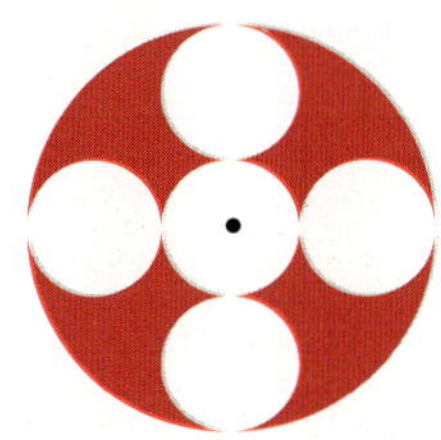

A = ____________

Mach dich fit!

1 a) Miss entsprechende Strecken und berechne den Flächeninhalt der Figuren.
b) Miss die Seitenlängen und bestimme den Umfang der Figuren.

(1)

(2)

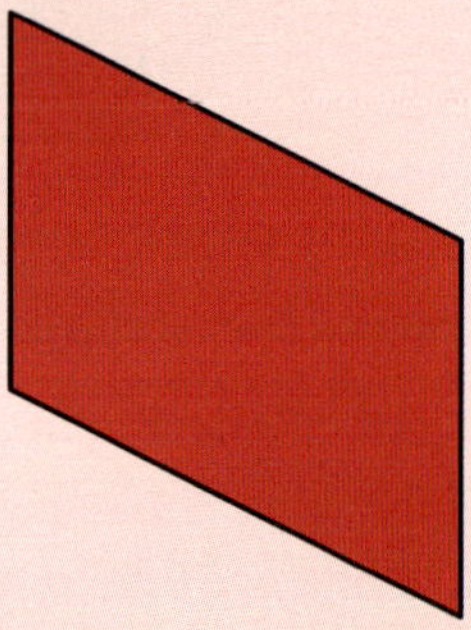

(3)

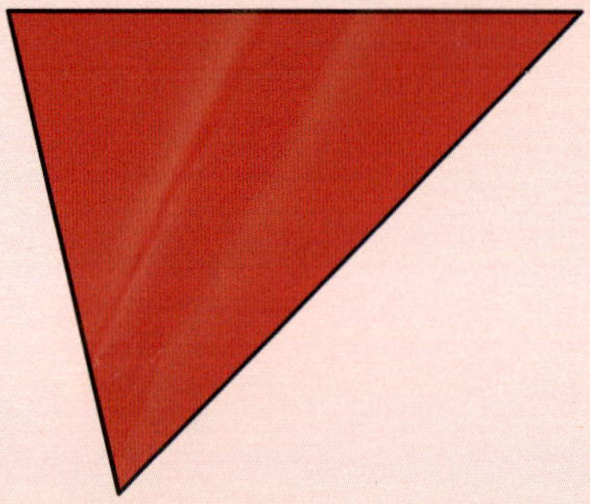

(4)

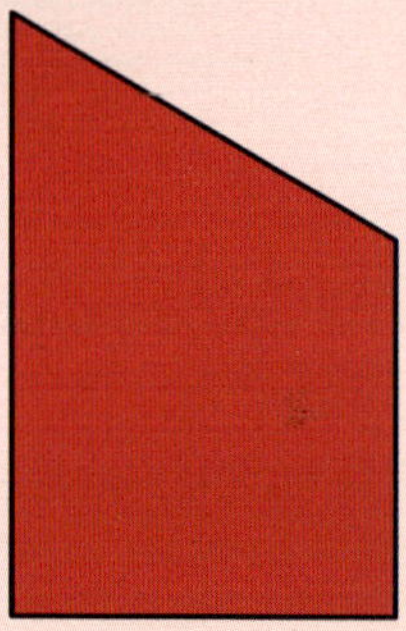

A_1 =	A_2 =	A_3 =	A_4 =
u_1 =	u_2 =	u_3 =	u_4 =

2 Welche Figuren gehören zu den Flächeninhalten? Trage ein.

a	32,5 cm^2	b	30 cm^2	c	56,25 cm^2	d	24 cm^2	e	27 cm^2

Maße in cm
Maßstab 1:5

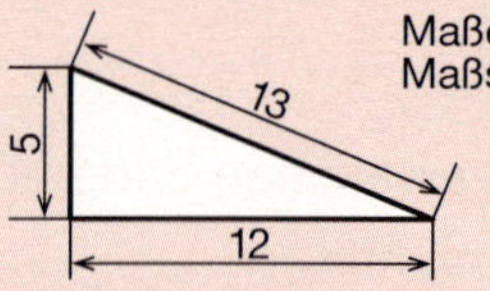

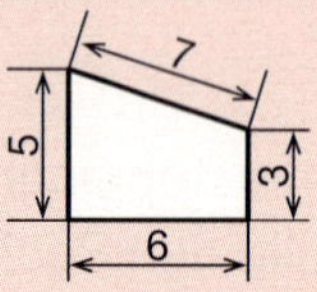

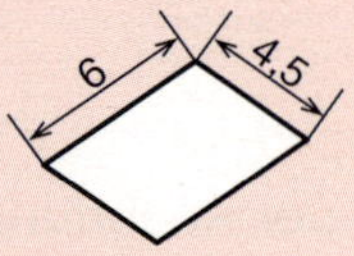

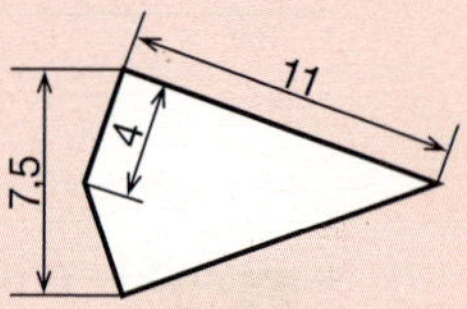

A		B		C		D	

3 Berechne die fehlenden Werte. Achte auf die Maßeinheit.

Parallelogramm		
	a)	b)
a	25 cm	
h	1,6 dm	15 dm
A		3,6 m^2

Dreieck		
	c)	d)
g	1,2 m	35 cm
h	80 cm	
A		14 dm^2

Trapez		
	e)	f)
a	13,4 cm	5,5 dm
c	6,6 cm	2,5 dm
h	1,2 dm	
A		24 m^2

4 Bestimme den Flächeninhalt der Figuren.

a)

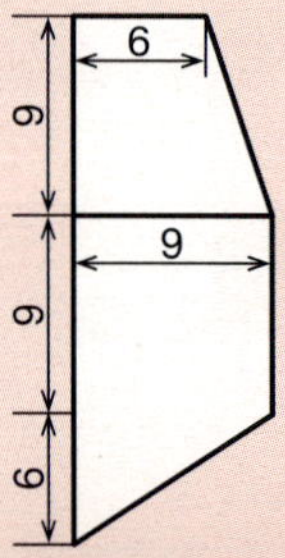

b)

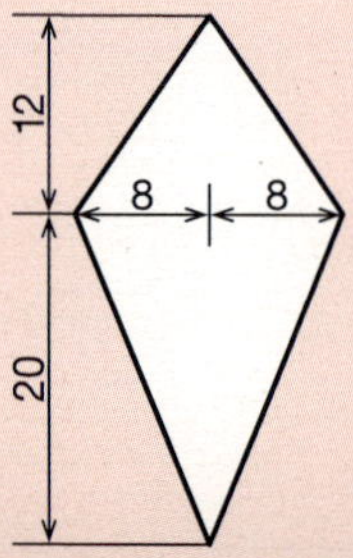

Terme aufstellen und berechnen

1 a) Setze für die Platzhalter die Zahlen ein und berechne den Wert der Terme.

	A $7 \cdot x + 12 - 2 \cdot x - 8$	B $9 \cdot x - 4 \cdot x$	C $9 \cdot x - 3 - 6 \cdot x + 7$	D $5 \cdot x$	E $5 \cdot x + 4$
0					
2					14
4					

b) Welche Terme haben den gleichen Wert? Trage ein.

A = ______________________ ______________________

2 Stelle Terme für den Umfang der Figuren mit den Platzhaltern r und s auf und vereinfache sie.

A 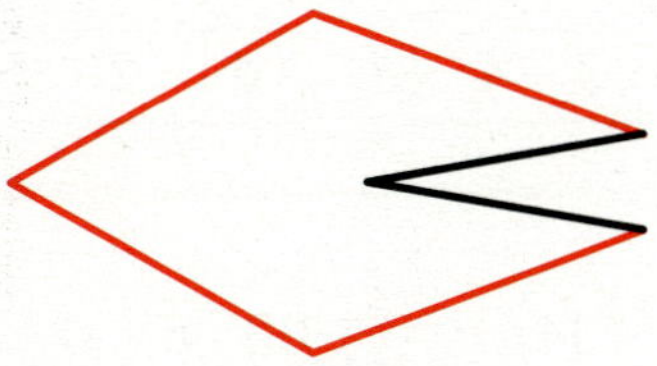 B 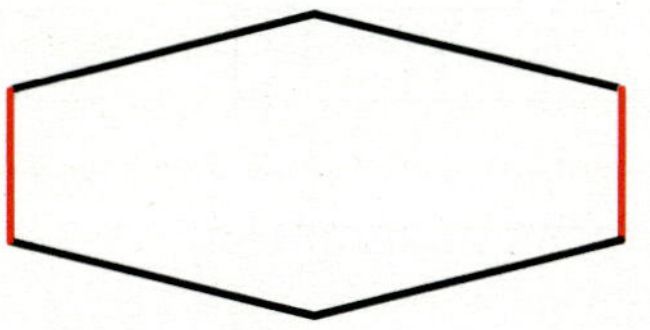 C 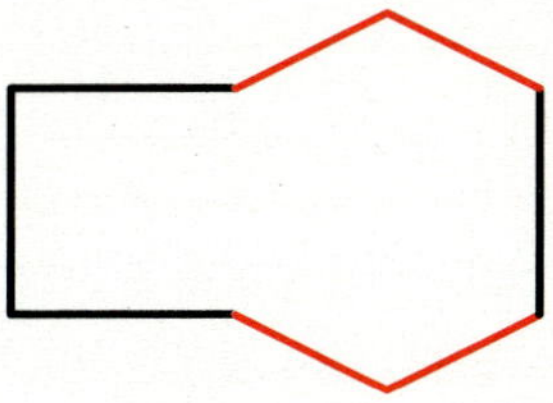

______________________ ______________________ ______________________

______________________ ______________________ ______________________

______________________ ______________________ ______________________

3 Vereinfache die Terme. $y + 4 \cdot x + 3 \cdot y - x = 3 \cdot x + 4 \cdot y$

a) $2 \cdot z + 1 \cdot z + z =$ ______________ b) $7 \cdot y - y + 4 \cdot y =$ ______________

c) $25 \cdot x + 11 - x + 9 =$ ______________ d) $6 \cdot a + 3 - a + 1 =$ ______________

e) $15 \cdot a + 6 \cdot b - 8 \cdot a =$ ______________ f) $12 \cdot x - y - 5 \cdot x + 3 \cdot y - 7 \cdot x =$ ______________

4 Welche Terme gehören zusammen? Verbinde.

$10 \cdot x + 3 - x + 5$	$3 + 9 \cdot x - 2 + 6 \cdot x - 1$	$15 \cdot x - 12 - 7 \cdot x + 21$	$8 \cdot x - x + 7$

$15 \cdot x$	$9 \cdot x + 8$	$7 \cdot x + 7$	$12 \cdot x + 3$	$8 \cdot x + 9$

5 a) Ergänze den Additionsturm.

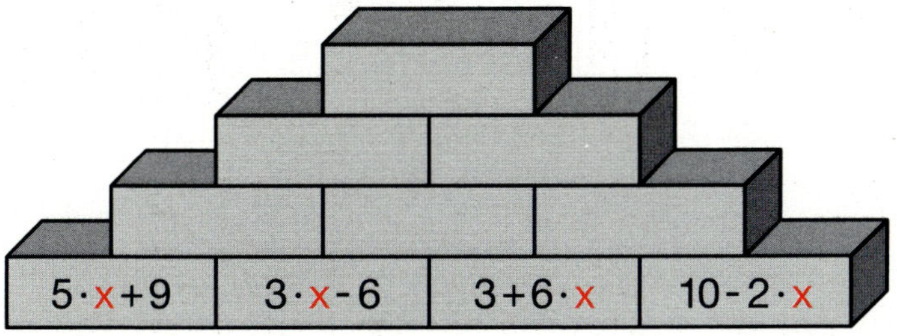

b) Setze für x die Zahl 5 ein und berechne jeweils den Wert der Felder.

Terme mit Klammern

1 Ina kauft ein Paket CD-ROM und ein Paket Disketten. Sie bezahlt mit einem 20-€-Schein. Wie kann sie rechnen? Schreibe auf zwei Arten.

1. Weg: ______________________

____

2. Weg: ______________________

____

2 Berechne den Wert der Terme. Welche Terme gehören zusammen? Verbinde.

A 25 + (13 − 4)	B 25 − (13 + 4)	C 25 + (13 + 4)	A 25 − (13 − 4)
a 25 − 13 − 4	b 25 − 13 + 4	c 25 + 13 − 4	d 25 + 13 + 4

3 Schreibe ohne Klammer und fasse zusammen.

minus vor der Klammer

23 − (8 − x)
= 23 − 8 + x
= 15 + x

a) 91 − (47 − y)
= ______
= ______

b) 14 · x − (8 · x − 14)
= ______
= ______

c) 83 · a + (26 − 83 · a)
= ______
= ______

4 Gib den Flächeninhalt der Figuren auf zwei Arten an.

a)

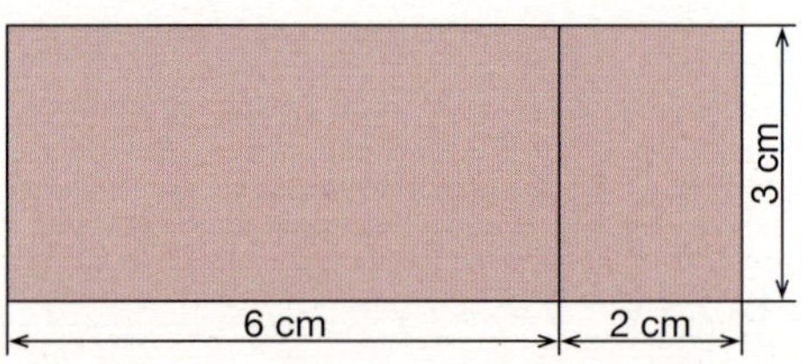

b)

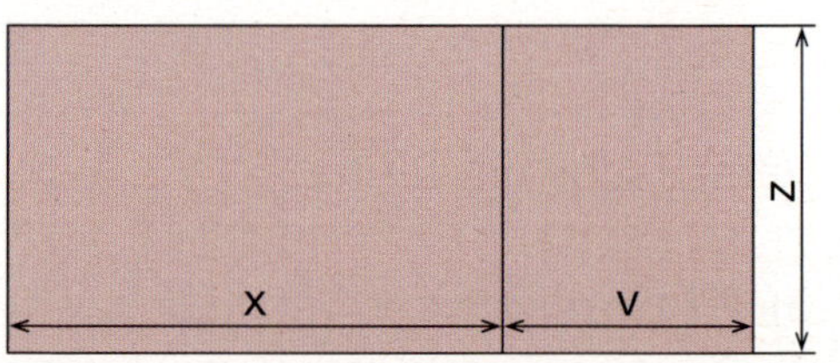

5 Berechne den Wert der Terme. Welche Terme gehören zu A und B? Verbinde.

A 9 · (17 − 8)		B 9 · (17 + 8)	
a 9 · 17 − 8	b 9 · 17 + 9 · 8	c 9 · 17 − 9 · 8	d 9 · 17 + 8

6 Schreibe ohne Klammer.

7 · (6 − x)
= 42 − 7 · x

a) 11 · (y − 8)
= ______

b) (4 − 5 · z) · 13
= ______

c) 6 · (18 − 4 · a)
= ______

Gleichungen durch Umformen lösen

1 Schreibe eine Gleichung und bestimme die Lösung.

$$
\begin{aligned}
5 + 3 \cdot x &= 11 \quad &&| -5\\
3 \cdot x &= 6 \quad &&| :3\\
x &= 2
\end{aligned}
$$

Probe: $5 + 3 \cdot 2 = 11$

a)
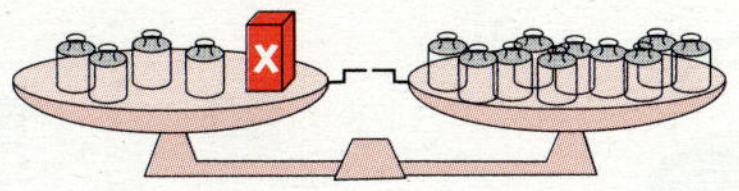

b)
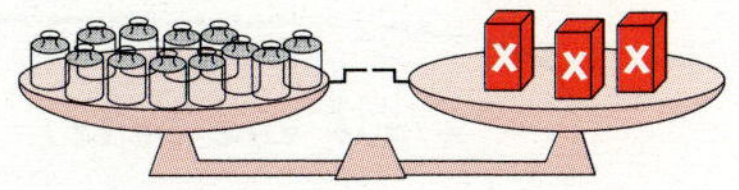

c)
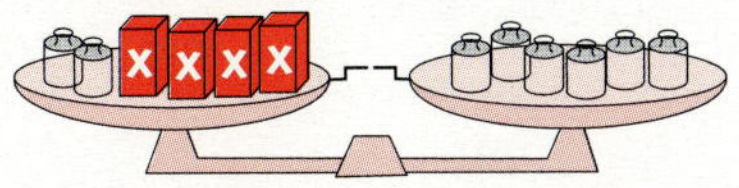

d)
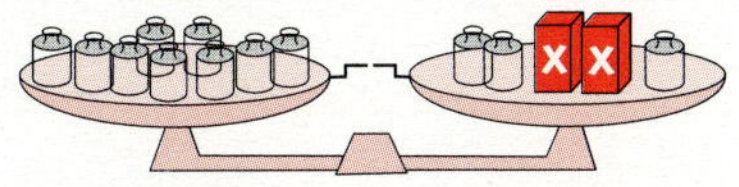

2 Löse die Gleichungen. Mache die Probe im Kopf.

a) $x - 41{,}7 = 8{,}3$

b) $14 = x : 14$

c) $105 = 16 \cdot x - 39$

d) $0{,}8 \cdot x - 7{,}3 = 12{,}7$

3 Stelle eine Gleichung auf und bestimme x.

a) Multipliziere eine Zahl mit 3, vermindere das Ergebnis um 5, du erhältst 16.

b) Dividiere eine Zahl durch 4 und subtrahiere vom Ergebnis 3. Du erhältst 11.

c) Wenn du eine Zahl durch 3 dividierst und das Ergebnis um 5 vermehrst, so erhältst du 16.

d) Das Vierfache einer Zahl vermehrt um 3 ergibt 11.

4 Fasse zuerst zusammen.

a) $15 + 2 \cdot x + 8 = 71$

b) $8 \cdot x - x + 8 = 15$

c) $40 = 3 \cdot x + 12 + 4 \cdot x$

Gleichungen durch Umformen lösen

1 Schreibe eine Gleichung und bestimme die Lösung.

a)

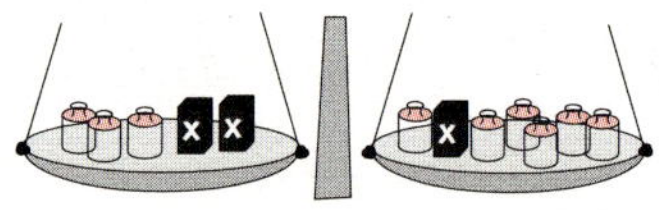

b)

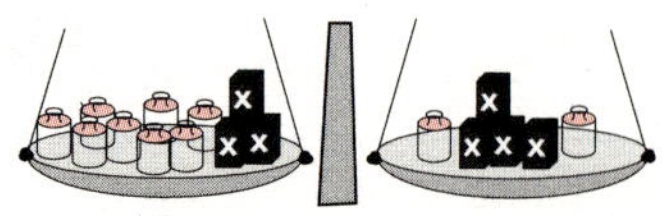

$$\begin{aligned} 3 \cdot x + 1 &= 5 + 2 \cdot x \quad &&| -2 \cdot x \\ x + 1 &= 5 \quad &&| -1 \\ x &= 4 \end{aligned}$$

Probe: $3 \cdot 4 + 1 = 5 + 2 \cdot 4$

c)

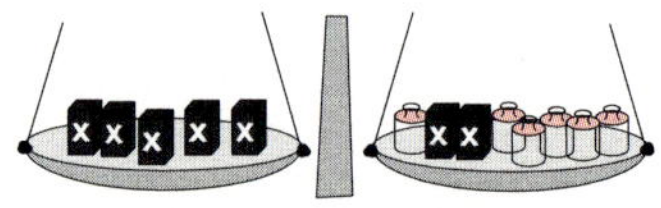

d)

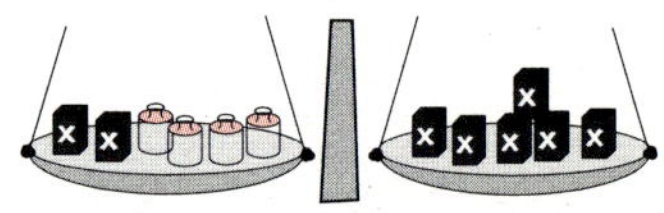

2 Löse die Gleichungen. Mache die Probe im Kopf.

a) $4 \cdot x + 14 = 5 \cdot x$

b) $14 \cdot x = 8 \cdot x + 30$

3 Die Gleichungen aus der ersten Reihe wurden umgeformt. Welche Gleichungen gehören zu a, b, c und d? Trage ein und bestimme x.

A	$9 \cdot x + 12 = 8 \cdot x + 17$	B	$7 \cdot x = 2 \cdot x + 20$	C	$9 \cdot x = 5 \cdot x + 12$	D	$7 \cdot x - 4 = 6 \cdot x + 20$
a	$x - 4 = 20$ x =	b	$4 \cdot x = 12$ x =	c	$x + 12 = 17$ x =	b	$5 \cdot x = 20$ x =

4 Forme die Gleichung um und bestimme x.

a) $13 \cdot x + 3 = 6 \cdot x + 52$

b) $7 \cdot x - 18 = 22 + 3 \cdot x$

c) $9 \cdot x + 8 = 11 \cdot x - 8$

5 Welche Gleichungen gehören zu den Zahlenrätseln? Verbinde und bestimme x.

a) Das Dreifache einer Zahl vermindert um 2 ist so groß wie das Doppelte der Zahl vermehrt um 2.

b) Das Fünffache einer Zahl ist so groß wie das Doppelte der Zahl vermehrt um 18.

A	$3 \cdot x + 2 = 2 \cdot x + 18$	B	$5 \cdot x = 2 \cdot x + 18$	C	$5 \cdot x - 2 = 3 \cdot x$	D	$3 \cdot x - 2 = 2 \cdot x + 2$

Sachaufgaben mit Gleichungen

1

Was kostet ein Nuss-Riegeletto?

Gleichung lösen

Preis für drei Riegelettos	*Preis für den Schokotrunk*	*zusammen*
______	______	______

Antwort: ______________________

2 Herr Ellscheid fährt mit 25 Schülern in die Eishalle. Im Bus löst er fünf Tageskarten und zwei Einzelfahrscheine zu je 1,70 €. Insgesamt bezahlt er 35,40 €. Wie viel Euro kostet eine Tageskarte?

Preis für fünf Tageskarten	*Preis für zwei Einzelkarten*	*zusammen*
______	______	______

Antwort: ______________________

3 Jannike spart für ein Kickboard zu 199 €. Jeden Monat legt sie 15 € zurück. Ihre Eltern geben ihr den Rest von 64 € dazu. Wie lange musste Jannike sparen?

Sparbetrag aus x Monaten	*Betrag der Eltern*	*gesamt*
______	______	______

Antwort: ______________________

4 a)

1. Tag	*2. Tag*
x	

Antwort: ______________________

b)

1. Tag	*2. Tag*

Antwort: ______________________

Mach dich fit!

1 Setze für den Platzhalter die Zahlen ein und berechne den Wert der Terme.

	$150 - 3 \cdot y$	$15 \cdot z - 100$	$3 \cdot b + 7 \cdot b$
0			
15			
30			

2 Vereinfache die Terme.

a) $10 + 5 \cdot z - 8 - 4 \cdot z =$ ______________

b) $y + 7 \cdot b - b - 7 \cdot y =$ ______________

c) $7 \cdot x - (3 \cdot x - 18) =$ ______________

d) $6 \cdot (5 - 4 \cdot a) =$ ______________

3 Stelle eine Gleichung auf und bestimme x.

a) Das Sechsfache einer Zahl vermindert um 18 ergibt 30.

____

____

____

b) Dividiere eine Zahl durch 3, addiere 18, du erhältst 30.

____

____

____

c) Multipliziere eine Zahl mit 18, subtrahiere 6, du erhältst 30.

____

____

____

4 Löse die Gleichungen.

a) $9 \cdot x - 16 = 8 \cdot x + 21$

b) $4 \cdot x + 51 = 7 \cdot x$

5 Jenny besorgt eine Platte Zuckerkuchen zu 2,30 € und 6 Hefeschnecken. Insgesamt bezahlt sie 5,90 €. Wie teuer ist eine Hefeschnecke?

Gleichung: ______________

Antwort: ______________

Ansichten

1 Zeichne die Ansichten von vorne, von hinten, von rechts, von links und von oben. Wähle für die beiden Schachteln die Maße 20 mm, 15 mm und 5 mm.

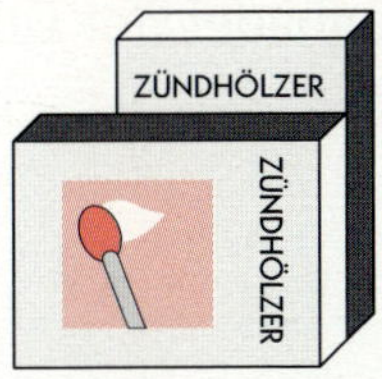

2 Stelle zwei Streichholzschachteln so auf, wie die beiden Ansichten es zeigen. Zeichne die übrigen drei Ansichten.

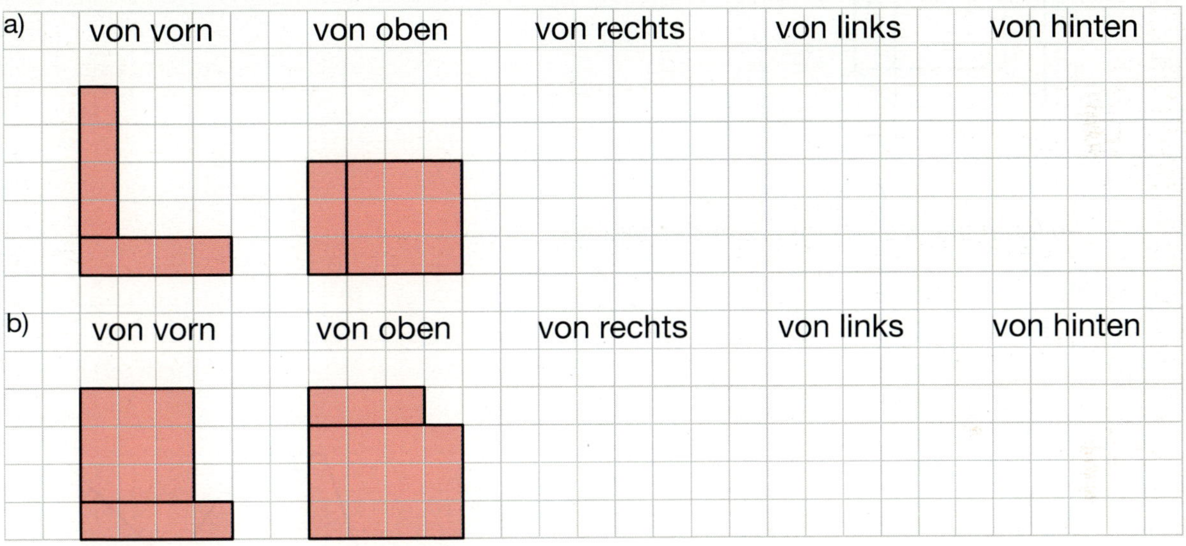

3 Welche Ansichten gehören zu dem Körper? Schreibe ja oder nein auf die Linien.

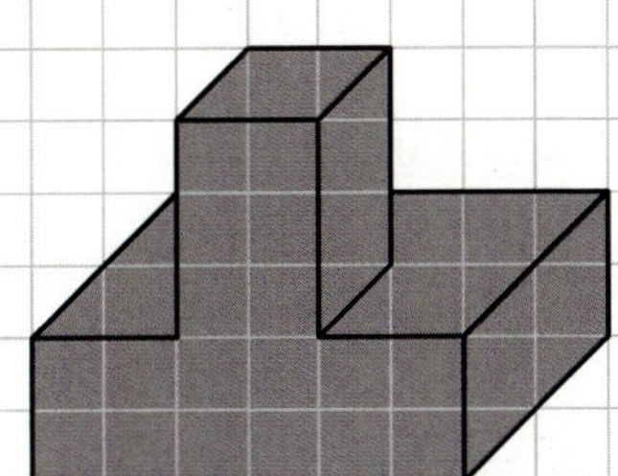

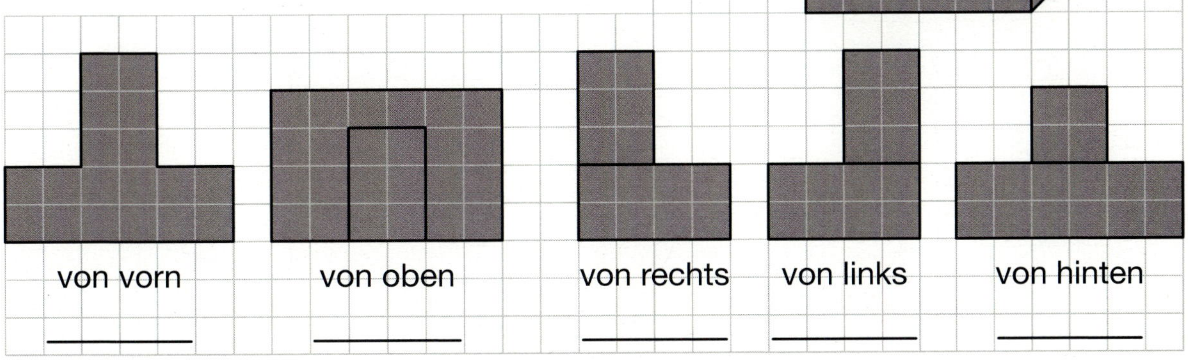

Schrägbilder

Beachte: Unsichtbare Kanten werden gestrichelt gezeichnet.

1 Vervollständige die Schrägbilder der Quader.

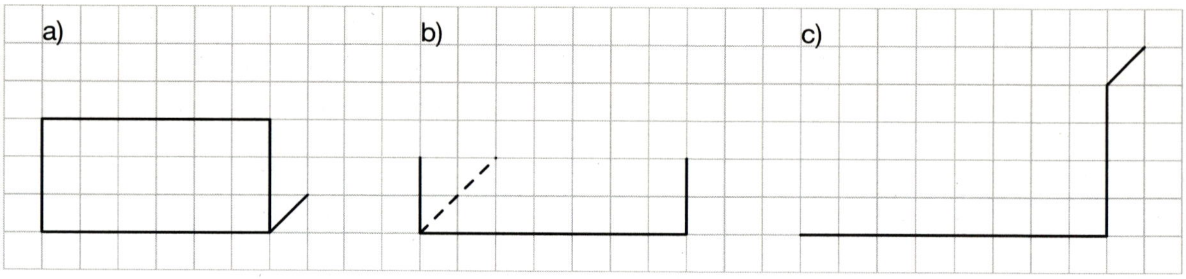

2 Zeichne zwei weitere Schrägbilder des Quaders
a) mit der Seitenfläche vorne,
b) mit der Deckfläche vorne.

3 Vervollständige die Schrägbilder der Säulen.

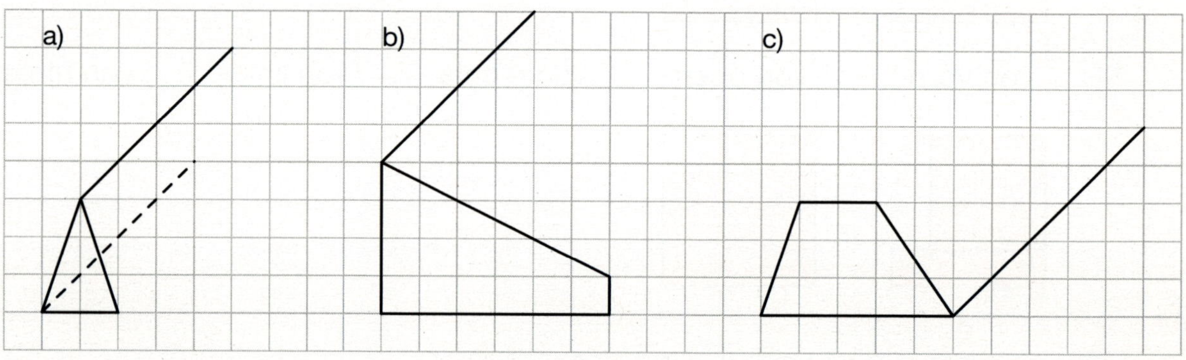

4 Vervollständige die Schrägbilder der Säulen. Färbe die Grundflächen und Deckflächen.

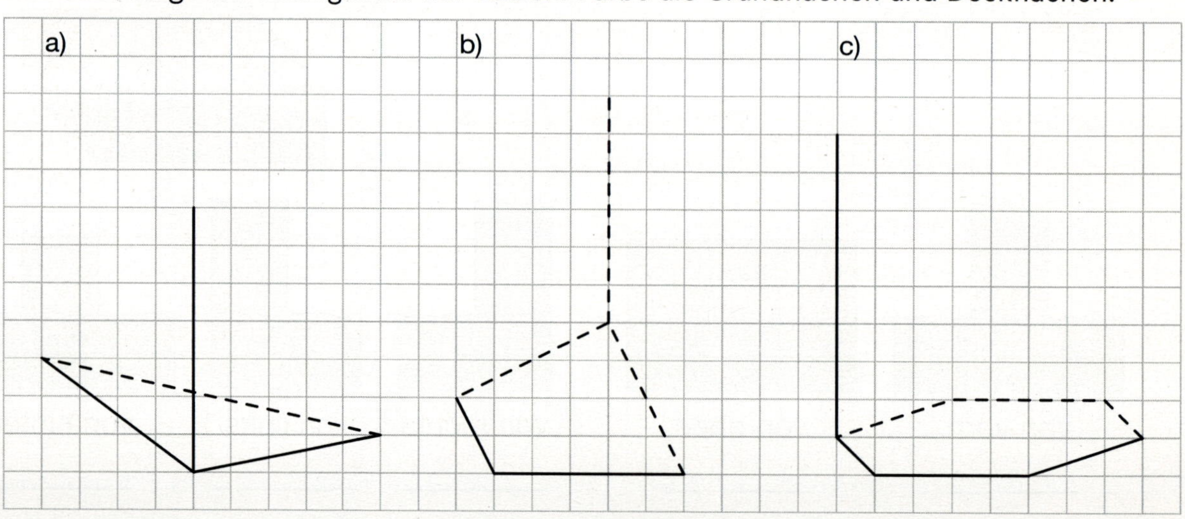

Abwicklung und Oberfläche von Säulen

1 a) Vervollständige die Abwicklungen. Schraffiere die Grundfläche und umrande die Mantelfläche farbig.

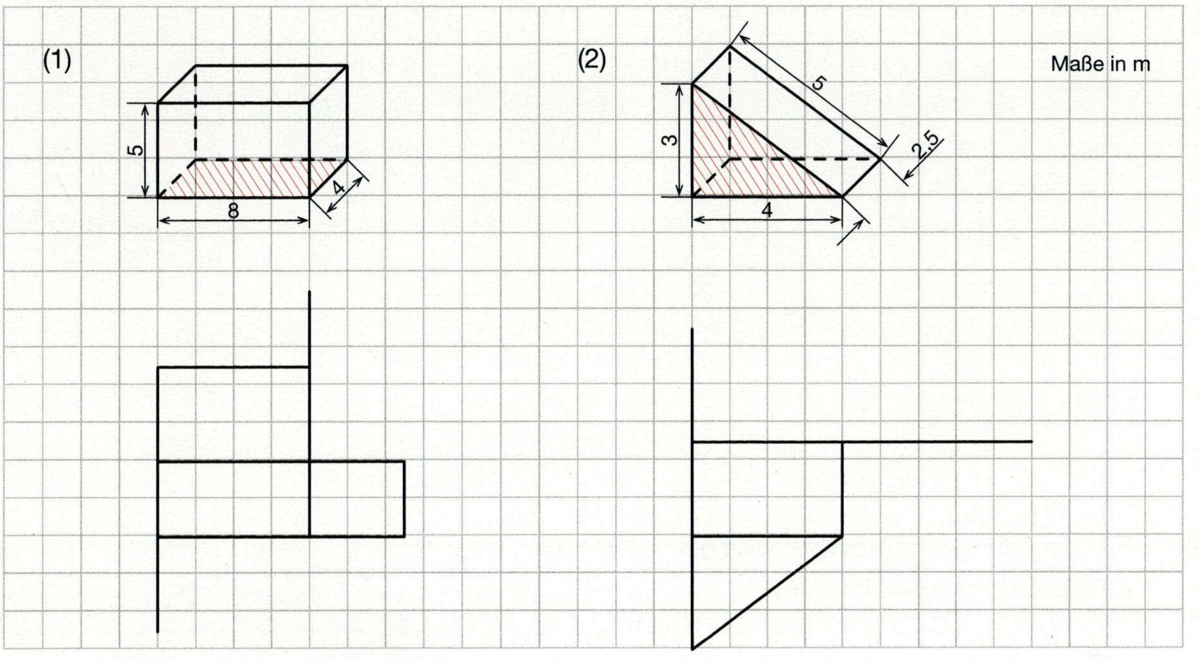

b) Berechne die Oberfläche der Säulen.

(1) G = ______ (2) G = ______

M = ______ M = ______

O = ______ O = ______

2 Berechne die Oberfläche der Säulen.

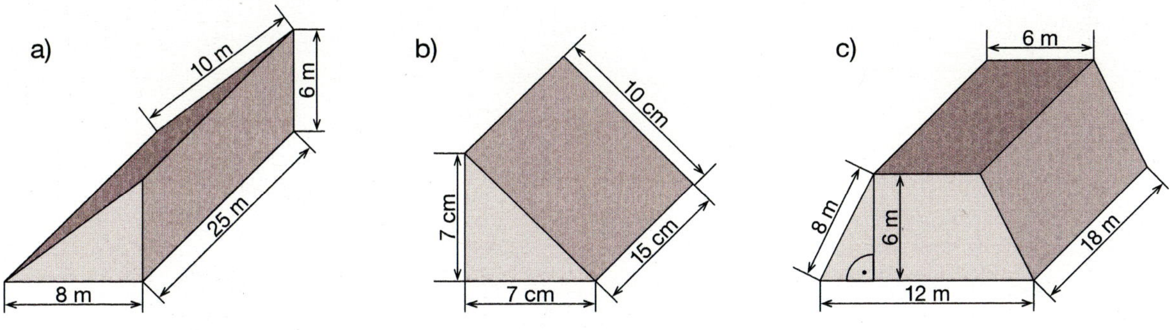

a) G = ______ b) G = ______ c) G = ______

M = ______ M = ______ M = ______

O = ______ O = ______ O = ______

Volumen von Säulen

1 Berechne das Volumen der Säulen.

a) 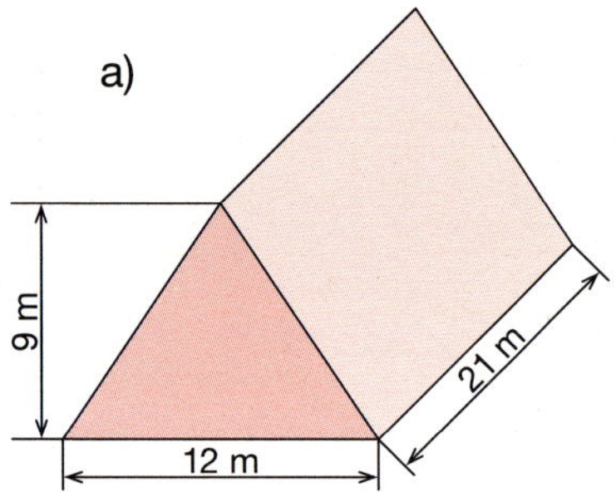

b) 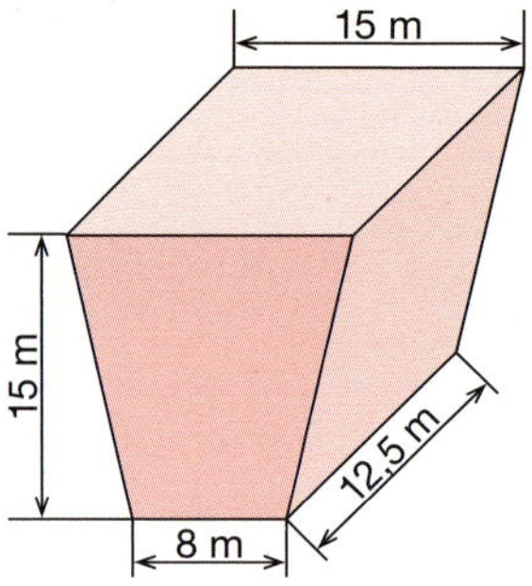

c) 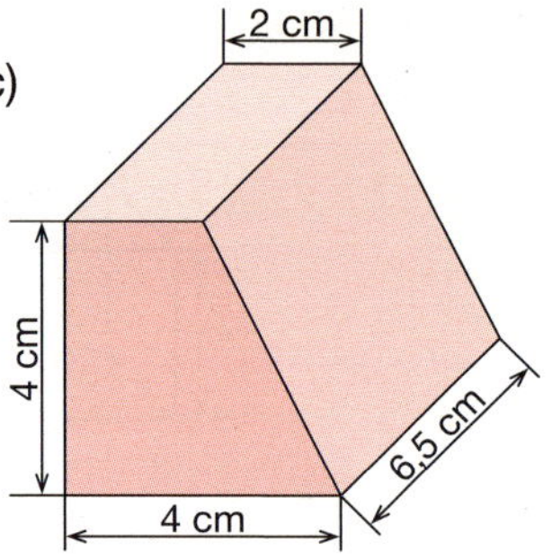

2 Für ein neues Straßenstück wird ein 1,300 km langer Damm aufgeschüttet.

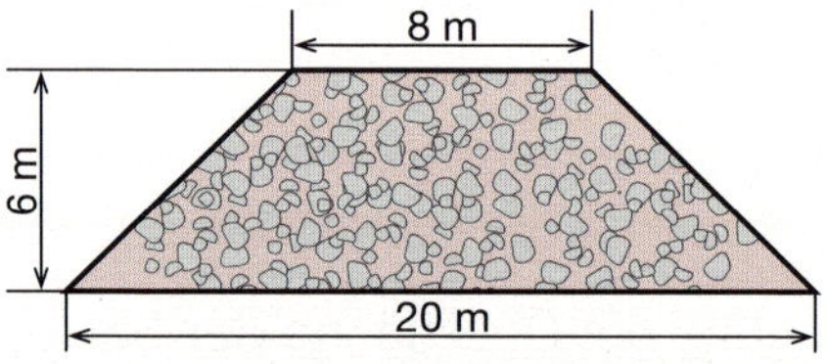

a) Wie viel m^3 Erde müssen bewegt werden?

G = ____________ h_K = ____________ V = ____________

b) Wie lange dauert das Aufschütten, wenn 12 Lastwagen mit einem Ladevolumen von je 30 m^3 jeweils 6 Fahrten am Tag machen?
Aufgeschüttete Erde pro Tag: ____________ Dauer der Arbeit: ____________

3 Für Umzäunungen werden Eckpfeiler aus Beton gegossen. Ein Pfeiler ist 1,45 m hoch. Wie viel m^3 Beton werden für einen Eckpfeiler benötigt?

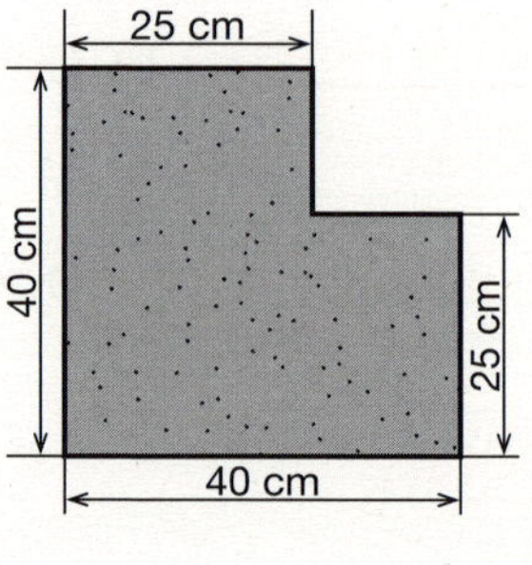

G = ____________ h_K = ____________ V = ____________

Antwort: ________________________________

Zusammengesetzte Körper

1 Der Körper besteht aus den Teilkörpern A, B und C.
Berechne das Volumen des Gesamtkörpers.

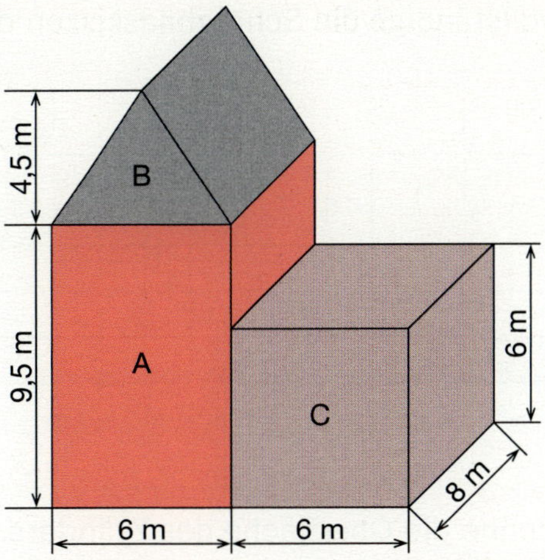

2 Zerlege die Körper in geeignete Teilkörper und berechne das Volumen des Gesamtkörpers.

a)

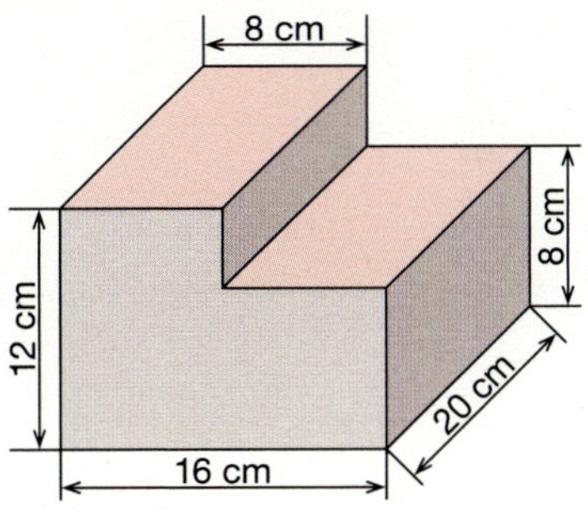

b)

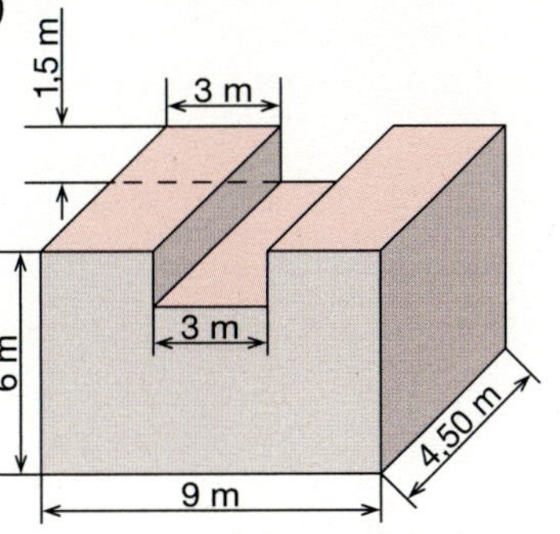

c)

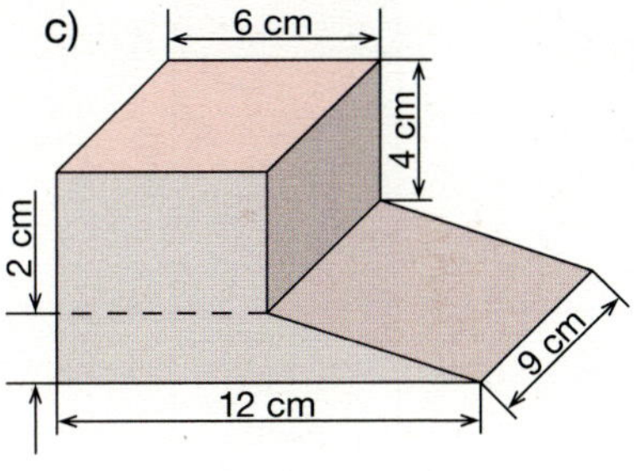

Oberfläche und Volumen von Zylindern

1 Vervollständige die Schrägbildskizzen der Zylinder.

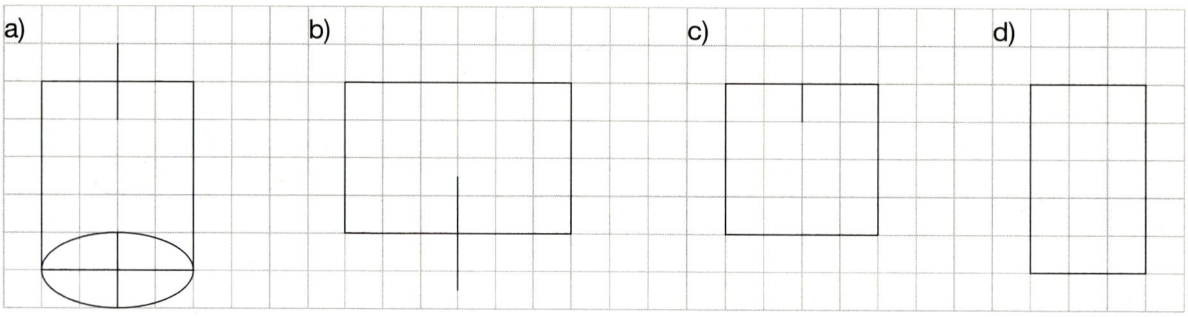

2 Berechne die Oberfläche des Zylinders.

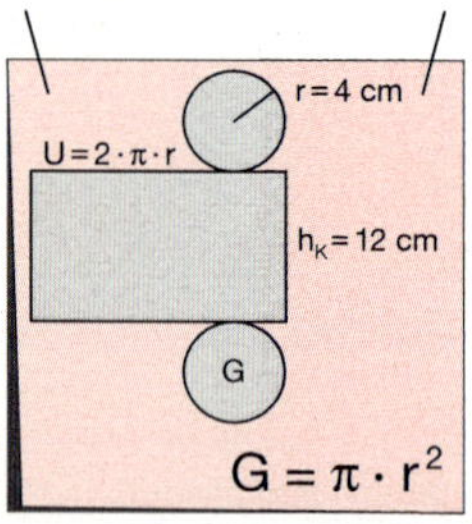

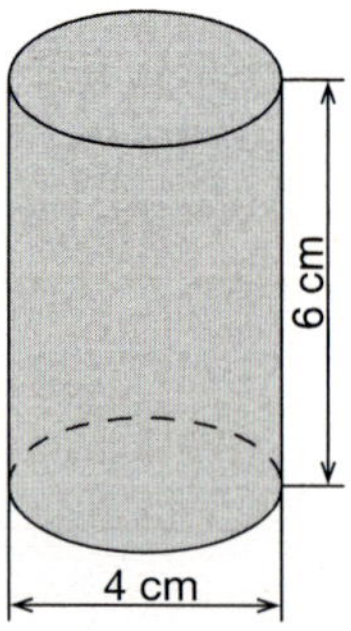

Grundfläche	Mantel	Oberfläche
G = ________	M = ________	O = ________
G = ________	M = ________	O = ________

3 Berechne das Volumen der Zylinder.

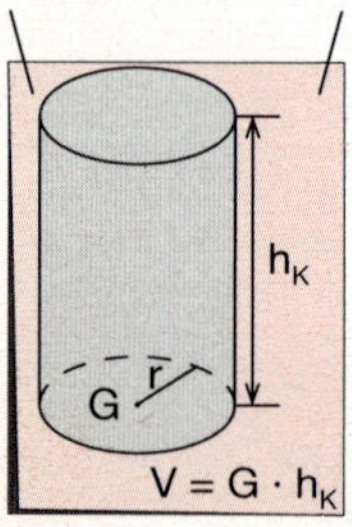

a)

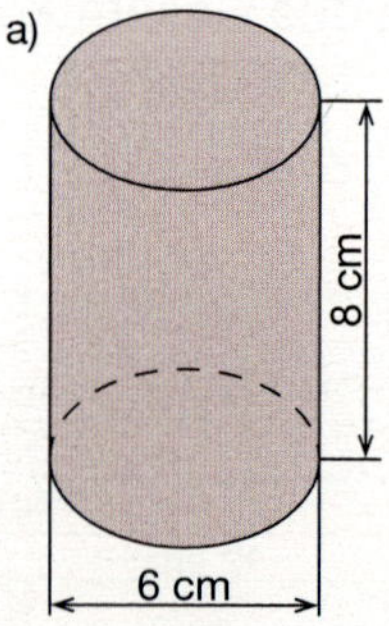

b)

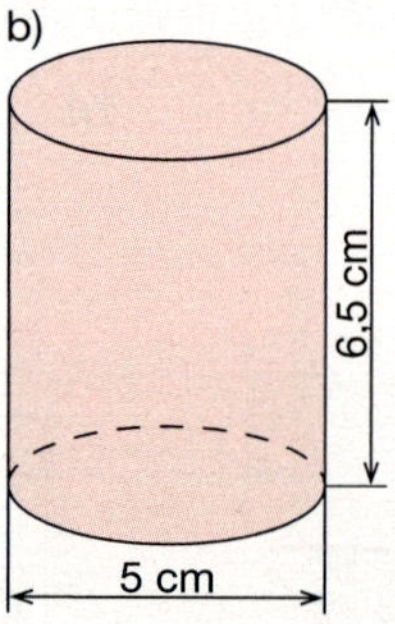

4 Berechne Oberfläche und Volumen der Dosen.

a)

b)

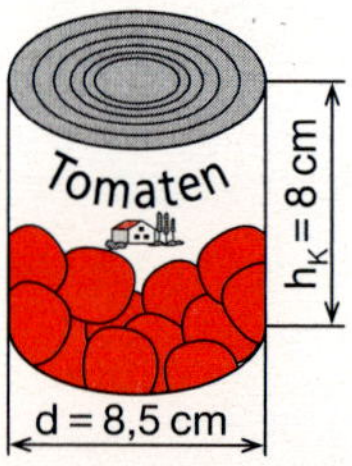

c)

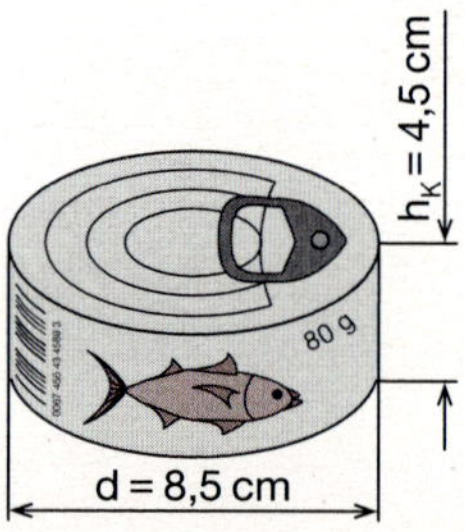

MACH DICH FIT!

1 Stelle zwei Streichholzschachteln so auf, wie die beiden Ansichten es zeigen. Zeichne die übrigen drei Ansichten.

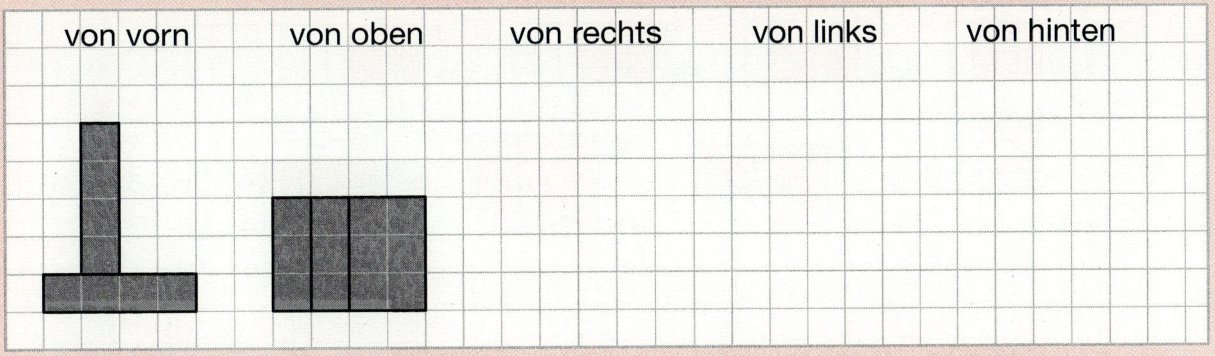

2 Vervollständige die Schrägbilder.

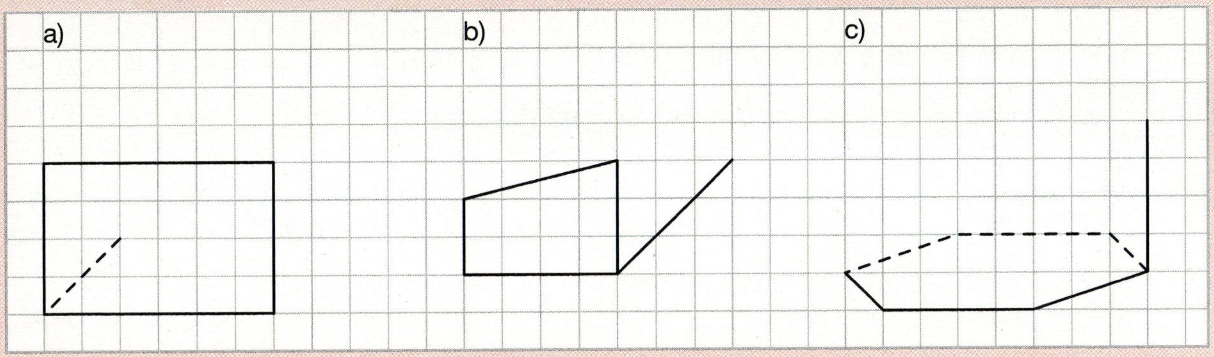

3 Berechne das Volumen und die Oberfläche der Säulen.

a)

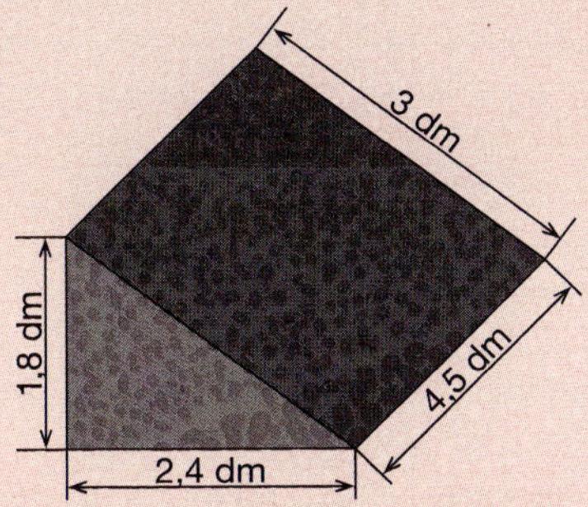

b)

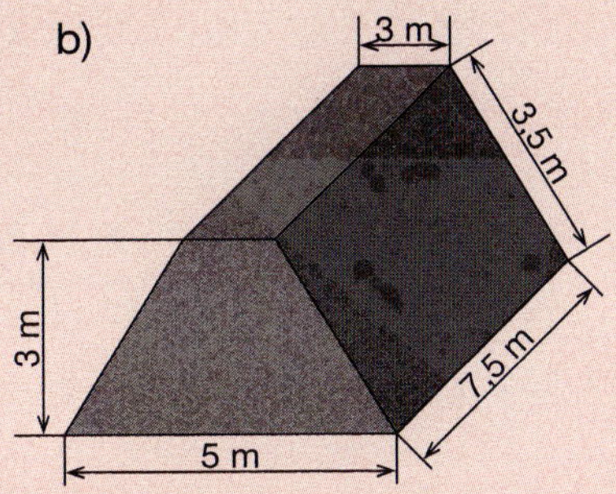

c)

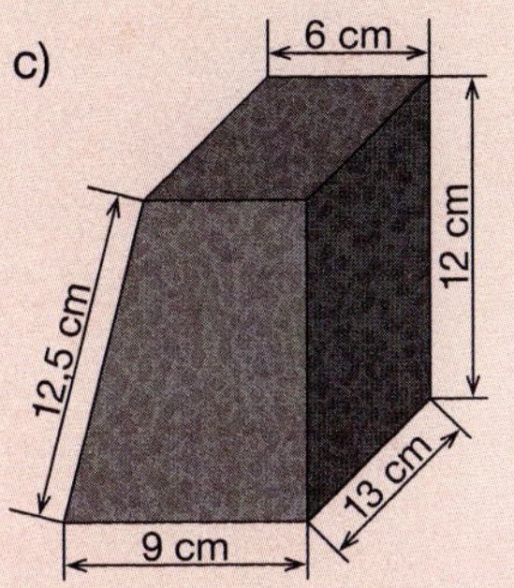

Lösungen

S. 1

1. a) $\frac{1}{4} = \frac{25}{100} = 25\,\%$ b) $\frac{1}{5} = \frac{20}{100} = 20\,\%$ c) $\frac{1}{2} = \frac{50}{100} = 50\,\%$ d) $\frac{6}{8} = \frac{3}{4} = \frac{75}{100} = 75\,\%$
   e) $\frac{3}{15} = \frac{1}{5} = \frac{20}{100} = 20\,\%$ f) $\frac{7}{20} = \frac{35}{100} = 35\,\%$ g) $\frac{16}{40} = \frac{2}{5} = \frac{40}{100} = 40\,\%$

2.
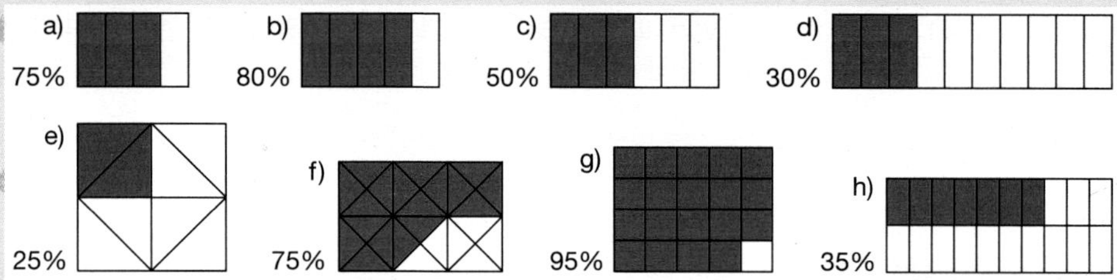

3.

		a)	b)	c)	d)	e)	f)	g)
Bruch	$\frac{1}{5}$	$\frac{9}{20}$	$\frac{3}{4}$	$\frac{1}{4}$	$\frac{7}{50}$	$\frac{1}{20}$	$\frac{2}{25}$	$\frac{1}{25}$
Hundertstelbruch	$\frac{20}{100}$	$\frac{45}{100}$	$\frac{75}{100}$	$\frac{25}{100}$	$\frac{14}{100}$	$\frac{5}{100}$	$\frac{8}{100}$	$\frac{4}{100}$
Dezimalbruch	0,20	0,45	0,75	0,25	0,14	0,05	0,08	0,04
Prozentsatz	20 %	45 %	75 %	25 %	14 %	5 %	8 %	4 %

4. a) $\frac{1}{2}$ 50 %; $\frac{1}{5}$ 20 %; $\frac{1}{4}$ 25 %; $\frac{1}{10}$ 10 %; $\frac{1}{25}$ 4 %   b) $\frac{3}{4}$ 75 %; $\frac{4}{5}$ 80 %; $\frac{7}{10}$ 70 %; $\frac{2}{5}$ 40 %; $\frac{9}{20}$ 45 %
   c) $\frac{1}{3}$ $33\frac{1}{3}$ %; $\frac{1}{8}$ 12,5 %; $\frac{5}{8}$ 62,5 %; $\frac{2}{3}$ $66\frac{2}{3}$ %; $\frac{3}{8}$ 37,5 %

S. 2

1. a) 41,25 €   b) 335 €
   c) 359,10 €   d) 50,40 €

2. a) 16; 60; 50; 80; 8; 12   b) 30; 54; 12; 600; 36; 108
   c) 28; 32; 60; 4; 600; 72

3. 35 % ≙ 130,20 €; 25 % ≙ 93 €; 15 % ≙ 55,80 €;
   5 % ≙ 18,60 €; 20 % ≙ 74,40 €

4. Prozentwerte:
   40 m; 350 g; 150 cm; 650 g; 48 m; 10 km; 7,5 kg

S. 3

1. a) 640 €   b) 1280 €   c) 375 €   d) 4800 €

2. 2250 €

3. a) 17 300 €
   b) 2700 €; 1900 €
   c) 4300 €; 3000 €
   d) 3700 €; 1300 €
   e) 2400 €

4. a) 5 % von 36 € = 1,80 €
   8 % von 75 € = 6 €
   12 % von 150 € = 18 €
   20 % von 80 € = 16 €
   b) 6 % von 50 g = 3 g
   25 % von 340 g = 85 g
   80 % von 120 g = 96 g
   24 % von 350 g = 84 g

S. 4

1. a) 15 %   b) 12 %   c) 84 %   d) 5 %

2. Fußball 35 %; Laufen 25 %; Tischtennis 20 %;
   Volleyball 15 %; Tennis 24 ≙ 5 %

3. Prozentsatz: 25 %; 50 %; 20 %; 10 %; 75 %; 60 %; 30 %

4. a) 45 %; 18 %; 8 %; 90 %   b) 85 %; 92 %; 15 %; 70 %

S. 5

1.

	G	P %	p
a)	350	6 %	21
b)	640	55 %	352
c)	840 €	35 %	294 €
d)	680 €	15 %	102 €
e)	312	75 %	234
f)	825	12 %	99

2. a) 20 %   b) 65 €   c) 750 ml   d) 250 km

3. a) 267 Zweikämpfe. Leverkusen 54,7 %
   b) 228
   c) 9
   d) 5 von 28 ≙ 17,9 %
   e) jeweils 50 %

S. 6

1. 10 %; 32 %; 25 %; 18 %; 15 %

2.
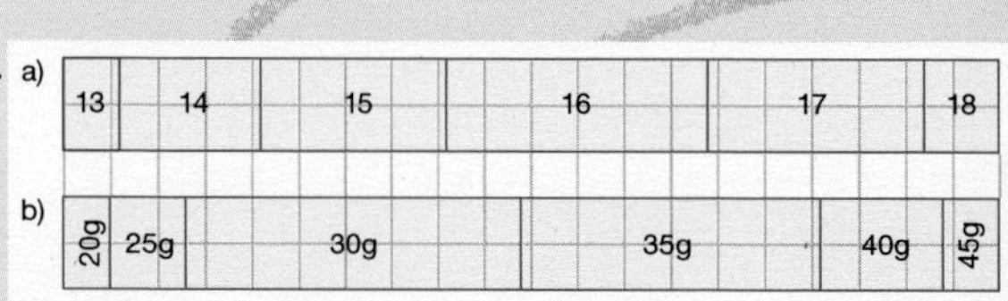

3. a) ■ 10 %; □ 20 %; ■ 30 %; ■ 40 %   b) ■ 5 %; ■ 30 %; □ 15 %; ■ 35 %; □ 15 %

Lösungen

S. 7

1. Ermäßigter Preis 272 €
   b) 2499 €
   c) 570 €

2. a) 19,20 € 15,20 € 38,00 € 31,60 €
   b) 37,70 € 12,87 € 14,95 € 11,31 €

3. a) 3185,00 € 960,40 € 6644,40 €
   b) 340,40 € 763,60 € 1260,40 €
   c) 243 € 156 € 165 €

4. a) 72 € b) 200 € c) 120 €
   d) 300 € e) 750 € f) 600 €

S. 8

1. a) Endpreis 403,68 € b) 55,68 € c) 725 €

2. a) 974,40 €; 200,10 €; 289,42 € b) 104,69 €; 376,42 €; 20,01 €

3.

	a)	b)	c)	d)	e)	f)
Preis ohne MwSt.	208 €	540 €	873 €	250 €	175 €	25 €
Mehrwertsteuer	44,80 €	86,40 €	139,68 €	40 €	28 €	4 €
Preis mit MwSt.	324,80 €	626,40 €	1112,68 €	290 €	203 €	29 €

S. 9

1. a) $\frac{7}{10} = \frac{70}{100} = 70\,\%$ b) $\frac{3}{4} = \frac{75}{100} = 75\,\%$ c) $\frac{11}{20} = \frac{55}{100} = 55\,\%$ d) $\frac{6}{15} = \frac{2}{5} = \frac{40}{100} = 40\,\%$

2.

	a	b)	c)	d)	e)	f)	g)	h)
Bruch	$\frac{1}{4}$	$\frac{3}{5}$	$\frac{3}{4}$	$\frac{2}{5}$	$\frac{1}{3}$	$\frac{3}{8}$	$\frac{1}{8}$	$\frac{7}{8}$
Prozentsatz	25 %	60 %	75 %	40 %	$33\frac{1}{3}$ %	37,5 %	12,5 %	87,5 %

3.

Grundwert	900 g	1440 m	7000 g	270 km	7 kg	3000 m
Prozentsatz	20 %	10 %	90 %	40 %	5 %	7 %
Prozentwert	180 g	144 m	6300 g	108 km	350 g	210 m

4. a) 4,5 % b) 9,75 € c) 480 d) 816

5. a) 637 € b) 1100 € c) 1015 €

S. 10

1. a) 26,75 €
   b) 114 €

2. a) 12,75 € 46,90 € 14,50 € 195,50 €
   b) 3,72 € 40,32 € 76,52 € 4,48 €

3. a) 845 € b) 420 €

4. a) Kapital 4000 €; 800 €; 1200 €; 7000 €; 200 €; 2000 €; 1000 €

5. a) 6,29 € b) 475 € c) 114 € d) 240 €

S. 11

1. a) 2,5 % b) 7,5 % c)2,5 %

2. Zinssatz 3 %; 5 %; 2,5 %; 8 %; 2 %; 8 %; 4 %

3. a) 3 % 2,5 % 3,5 % 3,75 %
   b) 9 % 8,5 % 7,5 % 6,75 %
   c) 5,25 % 5,5 % 6,0 % 6,25 %
   d) 12,5 % 12 % 11,75 % 11,5 %

S. 12

1. a) Zinsen 14,42 € b) Kapital 398 € c) Zinssatz 9,5 % d) Zinsen 14 € e) Kapital 2500 € f) Zinssatz 2,5%

2.

Kapital			15 000 €			1800 €
Zinssatz		7,5 %			1,25 %	
Jahreszinsen	24,70 €			6,33 €		

3. a) 930 €; 12,4 % b) 480 000 €; 288 000 €

4. a)2164 € b) 2170 € c)2161 €

S. 13

1. Jahreszinsen 87 €; Tageszinsen 2,90 €

2. 3,10 €

3. 16,18 €; 0,81 € b) 14,52 €; 1,81 € c) 13,46 €; 1,35 €

4. a) 84 € / 4,20 € b) 114 € / 18,05 € c) 19,20 € / 2,24 €
d) 18,90 € / 6,30 € e) 526,80 € / 307,30 € f) 8,43 € / 5,62 €

S. 14

1. a) Zinsen 12,18 € b) Kapital 408 € c) Zinssatz 7,5 % d) Kapital 3200 €

2. a) 7,20 € b) 20 % c) 150 € 3. a) 9,90 € b) 9,5 % c) 368 € d) 3,6 %

3. 9,90 € b) 9,5 % c) 368 € d) 3,6 %

4.

Kapital		8400 €			406,50 €	
Zinssatz			7,5 %			4,5 %
Jahreszinsen	56,70 €			42,24 €		

S. 15

1. a)

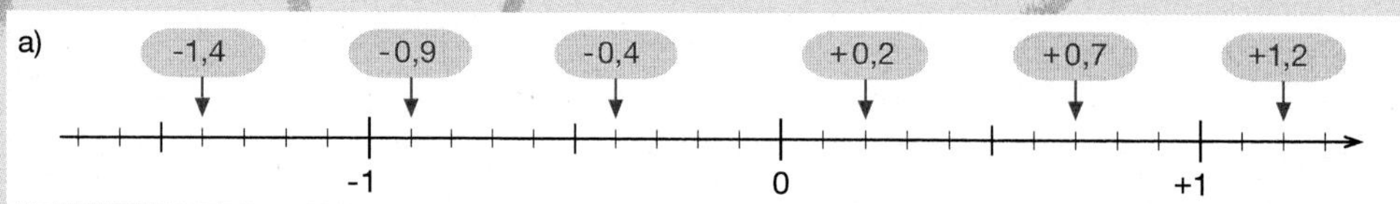

b)

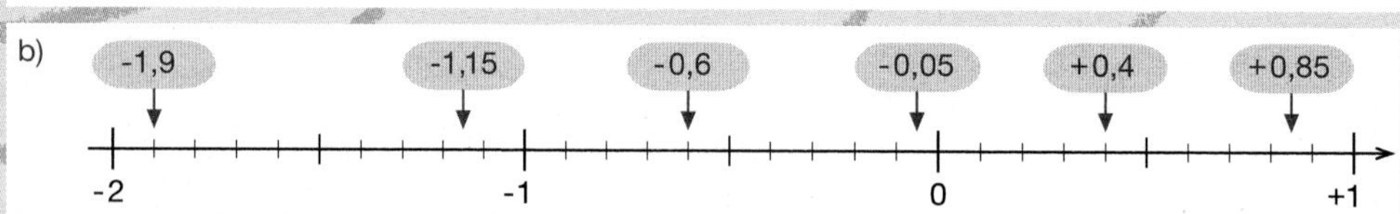

2.

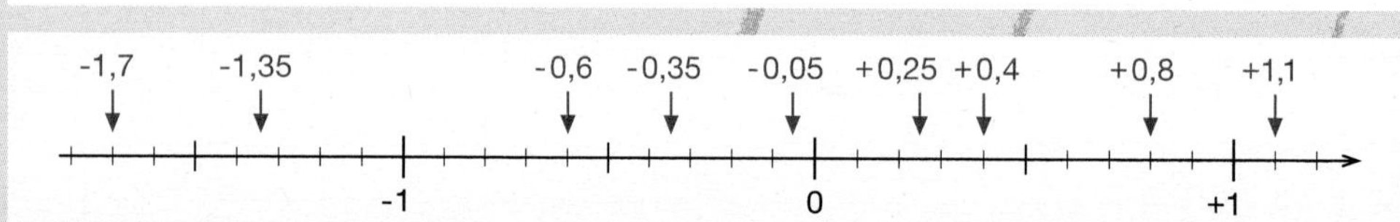

3. a) +3,7 > +3,65 b) +2,9 > +2,10 c) $-1,2 < -\frac{1}{2}$

0 > + -9,4 -7,45 > -7,5 $-\frac{3}{5} < -3,5$

+1,51 > -5,15 +10,01 < +10,10 $-3,6 < +\frac{7}{2}$

4. a) −8,3 < −1,9 < −0,5 < 0 < +0,1 < +1,7 b) $-4,3 < -1\frac{1}{5} < -\frac{3}{4} < +\frac{4}{3} < +\frac{15}{6} < +3,4$

5.

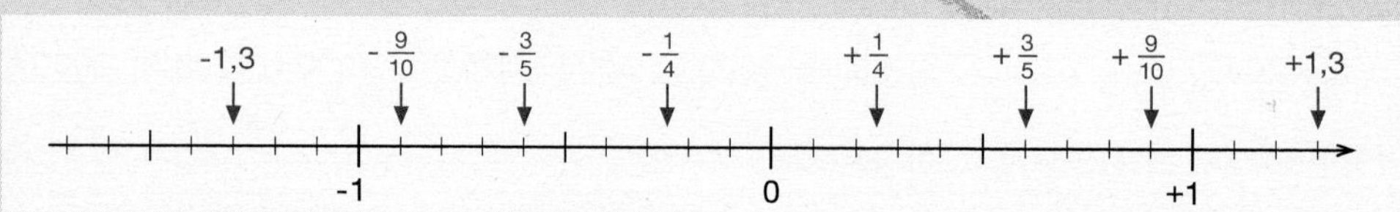

6. a) $+4,6\ -4\frac{3}{5}; +\frac{46}{10}$ $+3,5; -\frac{35}{10}; -\frac{7}{2}$ $-2\frac{2}{3}; +\frac{16}{6}$

b) $+1\frac{3}{4}; -1,75; +\frac{14}{8}$ $+3; -\frac{12}{14}; -\frac{21}{7}$ $-1\frac{1}{5}; +\frac{12}{10}; +1,2$

S. 16

1. a) (−4,50) + (+20) = −15,50 b) (−15) + (−13,50) = −28,50 c) (+8) + (−36) = −28

2. a) −8; −17; +6 b) −6,0; −9,2; +5,3 c) $-\frac{5}{10}\,(-\frac{1}{2}); -\frac{2}{5}; +\frac{2}{10}\,(+\frac{1}{5})$

3. a)

(-51)	(+12)	(+64)	+25
(+26)	(-39)	(+19)	+6
(-42)	(+47)	(-74)	-69
-67	+20	+9	-38

b)

(-4,5)	(+3,8)	(-0,6)	-1,3
(+8,1)	(-5,0)	(+6,2)	+9,3
(-10,4)	(+7,5)	(-0,1)	-3,0
-6,8	+6,3	+5,5	+5

4. a) (+14) + (−19)= 14 − 19 = −5
(−17) + (+17)= −17 + 17 = 0

b) (−21) + (−16) = −21 − 16 = −37
(−32) + (+13) = −32 + 13 = −19

5. a) −84; −24 b) −6; + 65

6. a)

-8	+2	0
+6	-2	-10
-4	-6	+4

b)

+1,3	-1,7	-1,1
-2,9	-0,5	+1,9
+0,1	+0,7	-2,3

c)

+17	-18	-11
-32	-4	+24
+3	+10	-25

Summe − 12

S. 17

1. a) (+24) − (+16) = (+24) + (−16) = +8
(−25) − (−12) = (−25) + (+12) = −13
(+5) − (−16) = (+5) + (+16) = +21

b) (−30) − (−80) = (−30) + (+80) = +50
(−60) − (−40) = (−60) + (+40) = −20
(+20) − (−70) =(+20) + (+70) = +90

2. a) (+0,8) − (+1,8) = (+0,8) + (−1,8) = −1
(+3,9) − (−3,9) = (+3,9) + (+3,9) = +7,8
(−12,4) − (+12,4) = (−12,4) + (−12,4) −24,8

b) (−3,8) − (−8,3) = (−3,8) + (+8,3) = +4,5
(+9,4) − (+2,9) = (+9,4) + (−2,9) = +6,5
(−16,3) − (−13,6) = (−16,3) + (+13,6) = −2,7

3. a)

−	(+9)	(−15)	(+200)	(−35)
(+5)	−4	+20	−195	+40
(+35)	−26	+50	−165	+70

b)

−	(−12)	(+13,5)	(−96,4)	(+1,6)
(−8)	+4	−21,5	+88,4	−9,6
(−32,1)	−20,1	−45,6	+64,3	−33,7

4.

START: (−10,1)	(− 8,8)	−7,5	−6,2	−4,9	−3,6	−2,3	−1	+0,3

5. a)

−8	+13	−20
−21	+33	
−54		

b)

+3,6	−2,5	−9,8
+6,1	+7,3	
−1,2		

c)

+56	−69	+36
+125	−105	
+230		

6. a) (+4) − (+19) = (−15)
(−24) − (+17) = (−41)

b) −5,1 − (−1,3) = (−3,8)
(−0,9) − (−3,4) = (+2,5)

c) $\left(+\frac{1}{4}\right) - \left(+\frac{2}{4}\right) = \left(-\frac{1}{4}\right)$
$\left(+\frac{8}{8}\right) - \left(+\frac{3}{8}\right) = \left(+\frac{5}{8}\right)$

7. a) (−16) − (−18) = +2
(+38) − (+45) = −7
(−7) − (+14) = −21

b) (−45) − (−30) = −15
(−60) − (+15) = −75
(+15) − (+60) = −45

8. a) (−4) − (+9)= − 4 − 9 = −13
(+8) − (−14)= 8 + 14 = 22

b) (−25) − (−10) = −25 + 10 = −15
(+210) − (+190) = 210 − 190 = 20

S. 18

1. a) 6 · (−50) = −300

b) 3 · (−75) = −225

2. a) (−7) + (−7) + (−7) + (−7) = 4 · (−7) = −28
(+24) + (+24) + (+24) = 3 · (+24) = +72

b) (−3,5) + (−3,5) = 2 · (−3,5) = −7
(−0,6) + (−0,6) + (−0,6) + (−0,6) = 4 · (−0,6) = −2,4

3. a) +91; −95; −64
b) −160; −810; +3000
c) −144; +144; −240

4. a) +6,6; −63; −5,6
b) −208; +72; −360
c) $-\frac{6}{5}\left(-1\frac{1}{5}\right)$; $-\frac{12}{3}$ (−4); $-\frac{24}{9}\left(-2\frac{2}{3}\right)$

5. a)

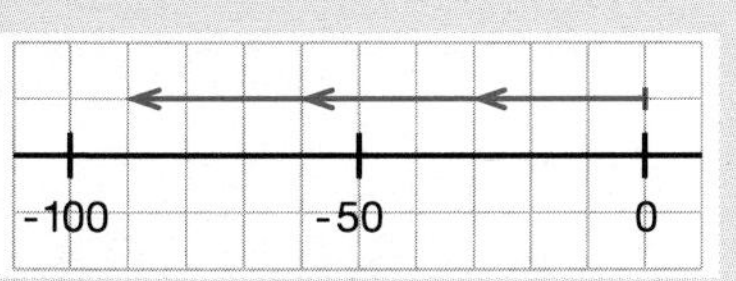

(−90) : 3 = −30

b)

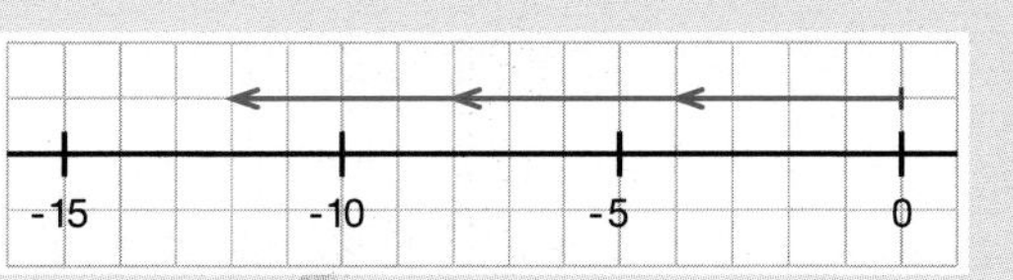

(−12) : 3 = − 4

6. a) +7; −13; − 7
b) −4; +70; −15
c) −9; −4; +8

7. a) +0,3; +0,65; +0,2
b) −6,5; −0,2; −0,03
c) $+\frac{1}{10}$; $+\frac{2}{9}$; $+\frac{3}{8}$

8. 9 €

S. 19

1. a) +99; −108; +225
b) +2400; −1600; −1800
c) −180; +144; −288

2. a) +0,6; +2,1; −1,8 b) +0,36; −0,06; −0,64 c) $-\frac{3}{25}$; $-\frac{1}{4}$; $+\frac{1}{2}$

3. a)

·	(+8)	(−25)	(+300)	(−45)
(+5)	+40	−125	+1500	−225
(+30)	+240	−750	+9000	−1350

b)

·	(−1,2)	(+3,5)	(−6,4)	(+1,6)
(−0,8)	+0,96	−2,8	+5,12	−1,28
(−1,5)	+1,8	−5,25	+9,6	−2,4

4. a)

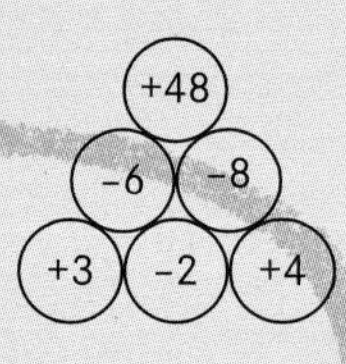

b)

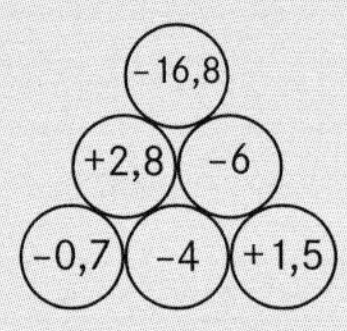

c)

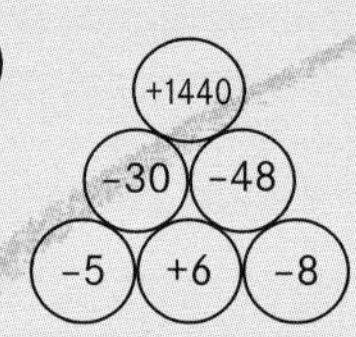

5. a)

(−5)	·	(+18)	=	(−90)
·		·		·
(−6)	·	(+7)	=	(−42)
=		=		=
(+30)	·	(+126)	=	(+3780)

b)

(+2)	·	(−2,4)	=	(−4,8)
·		·		·
(−0,8)	·	(+5)	=	(−4)
=		=		=
(−1,6)	·	(−12)	=	(+19,2)

6. a)

START: (−3)	(+6)	−12	+24	−48	+96	−192	+348

b)

START: (+64)	(−32)	+16	−8	+4	−2	+1	−0,5

7. a) −105; −1 b) +90; 0 c) −1050; +125

S. 20

1. a) +14; −9; −12 b) +7; −9; −70 c) −3; +3; −9

2. a) +3; +13; +3 b) +0,9; −0,9; −0,9 c) −50; +60; −80

3. a) +15; +20; $-\frac{9}{2}$ $(-4\frac{1}{2})$ b) $+\frac{2}{3}$; $-\frac{8}{5}$; $(-1\frac{3}{5})$; $-\frac{4}{3}$ $(-1\frac{1}{3})$

4. a)

:	(−12)	(+20)	(+8)	(−3)
(+120)	−10	+6	+15	−40
(−36)	+3	−1,8	−4,5	+12

b)

:	(−1,6)	(+1,5)	(−0,2)	(+0,4)
(−6)	+3,75	−4	+30	−15
(+4,8)	−3	+3,2	−24	+12

5. a) (−56) : (−8) = +7
(+35) : (−5) = −7
(−28) : (+7) = −4

b) (+54) : (−9) = −6
(−64) : (−8) = +8
(−48) : (+6) = −8

6. a)

START: −192	+96	−48	+24	−12	+6	−3	+1,5	−0,75

b)

START: −0,008	+0,08	−0,8	+8	−80	+800	−8000

7. a (+48) : (−3) = (−16)
(−68) : (+17) = (−4)

b) (−0,65) : (+1,3) = (−0,5)
(−6,4) : (−8) = (+0,8)

c) $(+\frac{5}{8}) : (-5) = (-\frac{1}{8})$
$(-\frac{9}{10}) : (-3) = (+\frac{3}{10})$

S. 21

1.

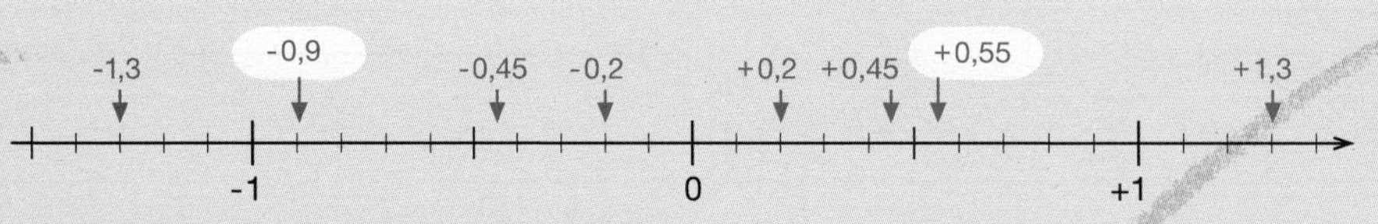

2. a) −8,5 < 0 b) +7,3 > +7,0 c) $-\frac{3}{5} > -3,4$
−4,6 > −4,61 +0,2 > −0,19 $+0,6 < +\frac{2}{3}$

3. a) −7,9 < −7,01 < +0,7 < +7,11 < +7,7
b) $-\frac{16}{4} < -1,5 < +\frac{8}{8} < +\frac{7}{2} < +4 < +4,1$

4. a) −46; +103 b) +17; −270 c) 0; −6

5. a) −32; +45 b) −33; −500

6. a) +112; −17 b) −1,4; +74 c) $-\frac{4}{15}$; +45

7. a) −360; +5 b) +5,1; −0,48 c) −1,7; −0,9

8. Der neue Kontostand beträgt 1172,62 €.

S. 22

2. a)

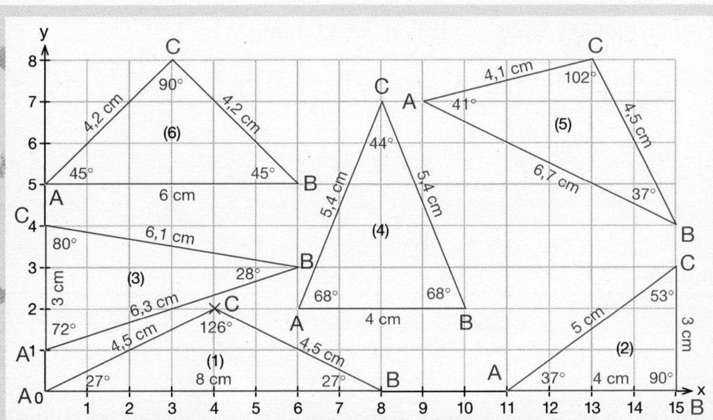

d)

spitzwinklig	rechtwinklig	stumpfwinklig	zwei gleich lange Seiten
3; 4	2; 6	1; 5	1; 4; 6

3.

	a)	b)	c)	d)	e)	f)
Winkel α	63°	34°	29°	15°	30°	60°
Winkel β	45°	56°	103°	15°	75°	60°
Winkel γ	72°	90°	48°	150°	75°	60°

S. 23

1. a) α = 57°, β = 49°, γ = 74°
   b) α = 42°, β = 42°, c = 7,1 cm
   c) β = 53°, a = 4,2cm, c = 7,1 cm
   d) α = β = 56°, γ = 68°, b = a = 4,9 cm

2. b) Sie muss mindestens 2,8 cm lang sein.

S. 24

1.

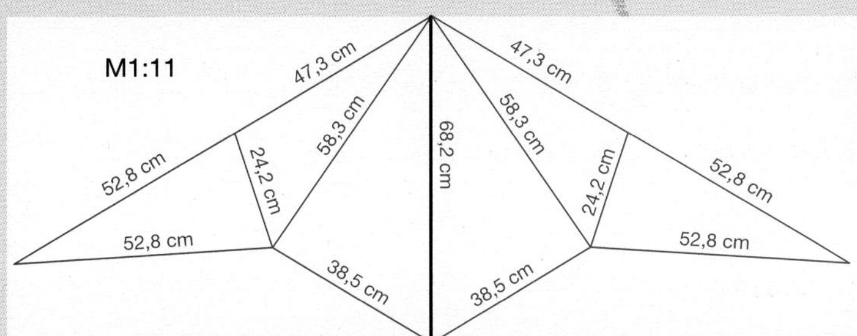

S. 25

1. a) Dachneigung 30°, h = 2,8 m
   b) Dachneigung 40°, h = 4,2 m
   c) Dachneigung 45°, h = 5 m

2. Die Straße wird 3,7 km lang.

3. Das Schiff ist von A 25 km entfernt.
   Von B ist das Schiff 19 km entfernt.
   Das Schiff ist von der Küste 14 km entfernt.

S. 26

2.

	Rechteck	Drachen	Parallelogramm	Raute	Symmetrisches Trapez	Quadrat
Paare gleich großer Winkel	2	1	2	2	2	2
Rechte Winkel	4					4
Paare gleich großer Gegenwinkel	2	1	2	2		2
Paare gleich großer Nachbarwinkel	2				2	2
Symmetrieachsen	2	1		2	1	4
Paare gleich langer Gegenseiten	2		2	2	1	2
Paare paralleler Gegenseiten	2		2	2	1	2
Paare gleich langer Nachbarseiten		2		2		2

3. a) Rechteck b) Raute c) Symmetri. Trapez d) Parallelogramm

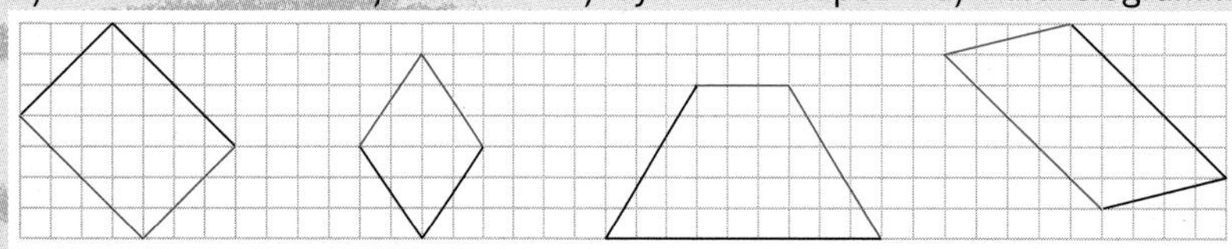

4.

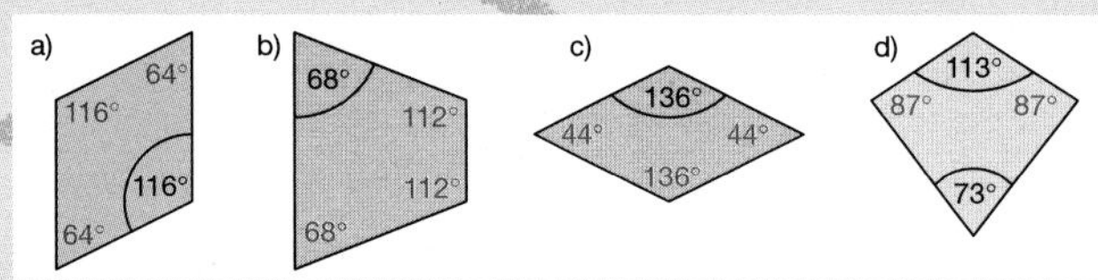

S. 27

1. a) β = 113°; γ = 67°; δ = 113° b) α = 50°; γ = 130°; δ = 130°; c = 1,5 cm c) β = 137°
   d) α = 60°; β = 95°; δ = 95° e) e = 5,4 cm f) e = 5,4 cm

S. 28

1.

	a)	b)	c)	d)
Winkel α	28°	37°	46°	60°
Winkel β	62°	37°	63°	60°
Winkel γ	90°	106°	63°	60°
Form	rechtwinklig	stumpfwinklig/ gleichschenklig	spitzwinklig/ gleichschenklig	gleichseitig

2. a)

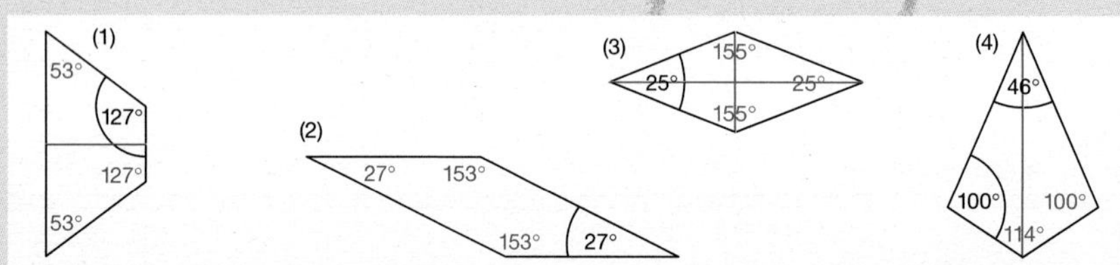

(1) symmetrisches Trapez (2) Parallelogramm (3) Raute (4) Drachen

3. Von Unteruhlingen nach Mainau sind es 3 km.

4. Der Mast ist 4 m hoch.

S. 29

1. a) 1,89 € b) 1125 g c) 38,80 € d) 675 ml

2.

Anzahl						10	8	20
Preis		48 €	144 €	720 €	768 €			

3. Inge 7,67 €; Sabine 6,48 €; Ralph 5,00 €

S. 30

1. a)

Anzahl	Zeit	Gesamtzeit
1	180 min	1 · 180 = 180
2	90 min	2 · 90 = 180
3	60 min	3 · 60 = 180
4	45 min	4 · 45 = 180
5	36 min	5 · 36 = 180
6	30 min	6 · 30 = 180

b) 60 min c) 30 min

2. a) 24 Tage b) 1,50 €

3.

Anzahl Personen						15	20	30
Preis pro Person		36 €	40 €	45 €	60 €			

4. 30 Maschinen

5. 474 €

S. 31

1. a) 24 min b) 30 € c) 3,36 € d) 6 Rasenmäher

2. a) 64 Zeilen b) 640 Seiten 3. a) 25 min b) 420 Seiten

S. 32

1. a) 28,80 € b) 6 Maurer c) 9 Tage d) 5,250 kg

2.

Anzahl					16	20
Preis		1,96 €	11,76 €	17,64 €		

3.

Anzahl Personen					100	30
Preis pro Person		45 €	22,50 €	20 €		

4. Babysitting 63,75 € Zeitung 57,60 € Nachbar 37,50 € Gesamt 158,85 €

S. 33

1.

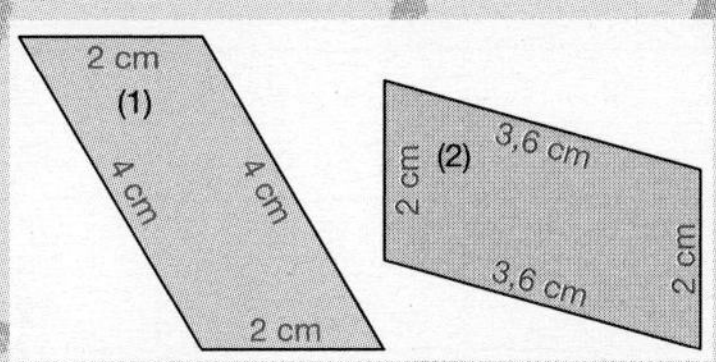

A = 7 cm^2 A = 7 cm^2
u = 12 cm u = 11,2 cm

2. a)

	a)	b)	c)	d)	e)	f)	g)
a	12 m	3 m	18 cm	12 dm	6 m	16 cm	9 dm
h	1,5 m	16 dm	0,4 m	9 dm	26 m	16 cm	50 cm
A	18 m^2	4,8 m^2	720 cm^2	108 dm^2	156 m^2	256 cm^2	4500 cm^2

3. a) Der Flächeninhalt einer Platte mit acht Parallelogrammen beträgt 98 cm^2.
   b) Der Quadratmeterpris beträgt 607,14 €.

4. a) Der Spiegel ist 2700 cm^2 groß.
   b) Die Fläche des Rechtecks beträgt 3690 cm^2.
   Es müssen 3690 cm^2 (0,3690 m^2) bezahlt werden.
   c) Der Spiegel kostet 29,52 €.
   d) Der Abfall beträgt 26,8%.

S. 34

1. a) A = 68 cm^2 b) A = 0,3 m^2 c) 3,8 dm^2

2. a)

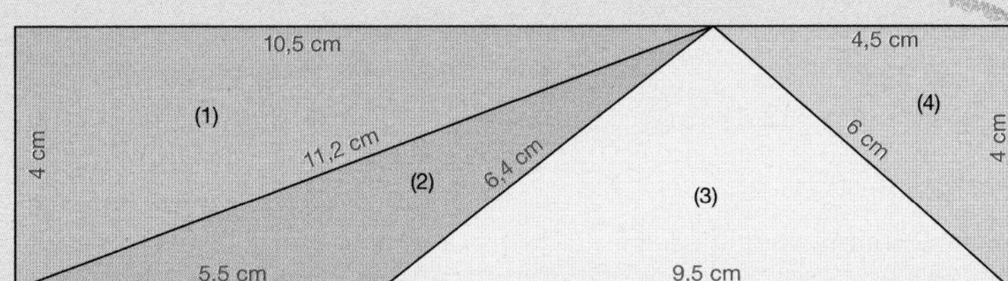

A_1 = 21 cm^2 A_2 = 11 cm^2 A_3 = 19 cm^2 A_4 = 9 cm^2
   b) Summe der Flächeninhalte: 60 cm^2; Flächeninhalt des Rechtecks: $4 \cdot 15$ cm^2 = 60 cm^2
   c) u_1 = 25,7 cm u_2 = 23,1 cm u_3 = 21,9 cm u_4 = 14,5 cm

3.

	a)	b)	c)	d)	e)	f)	g)
g	15 cm	5 m	75 cm	9 cm	24 dm	10 cm	45 dm
h	6 dm	28 dm	0,8 m	16 cm	10 dm	12 cm	40 dm
A	4,5 cm^2	7 m^2	3000 cm^2	72 cm^2	120 dm^2	60 cm^2	9 m^2

4.

	(1)	(2)	(3)
Großsegel	6,50 m^2	5,88 m^2	7,38 m^2
Vorsegel	6,11 m^2	2,80 m^2	2,75 m^2
Segelfläche	12,61 m^2	8,68 m^2	10,13 m^2

Für Jannis kommt das zweite Boot infrage.

Lösungen

S. 35

1. a) A = 39 cm² b) 50 dm² c) 60 m²

2.

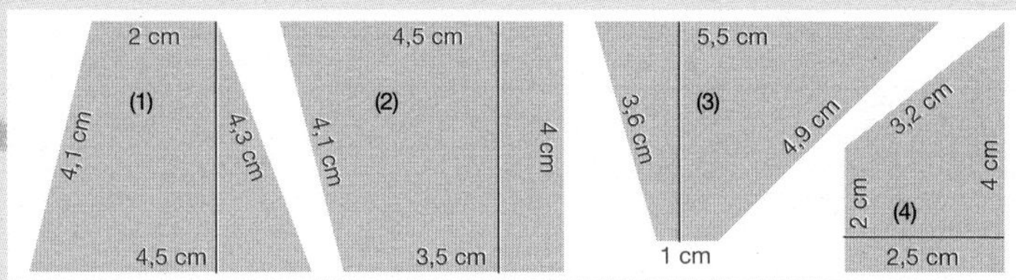

A_1 = 13 cm² A_2 = 16 cm² A_3 = 11,38 cm² (11,375 cm²) A_4 = 7,5 cm²
u_1 = 14,9 cm u_2 = 16,1 cm u_3 = 15 cm u_4 = 11,7 cm

3. A – f B – a C – d D – b E – e

4.

	a)	b)	c)	d)	e)	f)	g)
a	7 dm	0,75 m	2,4 dm	12 cm	5 m	65 m	14 cm
c	2 dm	1,15 m	6 cm	8 cm	60 dm	15 m	6 cm
h	0,8 m	80 cm	1,3 m	9 cm	12 m	70 m	19 cm
A	36 dm²	0,75 m²	1950 cm²	90 cm²	66 m²	2800 m²	190 cm²

S. 36

1. A_{Δ} = 2400 cm² $A_{\square}$ = 9600 cm²
$A_{\diamond}$ = 4800 cm² $A_{\diamond}$ = 4800 cm²

2.

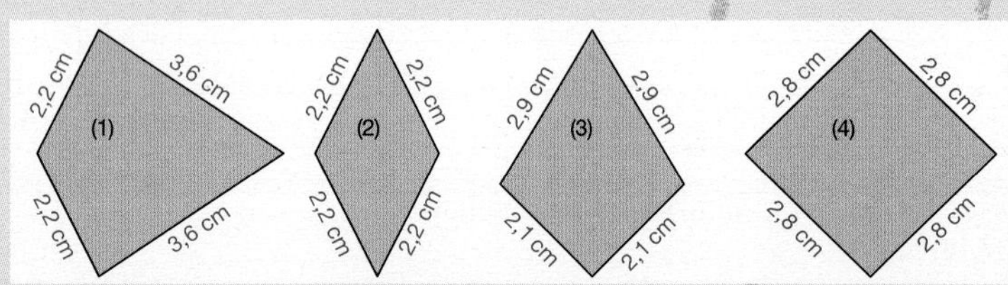

A_1 = 8 cm² A_2 = 4 cm² A_3 = 6 cm² A_4 = 8 cm²
u_1 = 11,6 cm u_2 = 8,8 cm u_3 = 10 cm u_4 = 11,2 cm

3. a) A = 7611 cm² b) A = 1440 cm² c) A = 3685,5 cm²

S. 37

1. a) A_1 = 2,56 m²
A_2 = 5,12 m²
A_3 = 5,76 m²
$A_1 + A_2 + A_3$ = 13,44 m²

b) $A_{\square}$ = 17,92 m²
A_5 = 2,56 m²
A_6 = 1,92 m²
$A_{\square} - A_5 - A_6$ = 13,44 m²

2. a) 2016 cm²
b) 5850 cm²
c) 1400 cm²

3. Stirnwände 2 · 7,8 m² = 15,6 m²
linke Seitenwand: 7,875 m² rechte Seitenwand: 12,6 m²
Gesamt: 36,075 m²

S. 38

1. a) 20,42 cm
b) 28,90 dm
c) 15,39 m

2. d_1 = 3 cm d_2 = 2 cm d_3 = 1,5 cm d_4 = 1 cm
r_1 = 1,5 cm r_2 = 1 cm r_3 = 0,75 cm r_4 = 0,5 cm
u_1 = 9,42 cm u_2 = 6,28 cm u_3 = 4,71 cm u_4 = 3,14 cm

3.

	a)	b)	c)	d)	e)	f)	g)
r	91 cm	17,5 dm	7,5 m	4,15 cm	3,6 dm	4,77 m	28,65 dm
d	182 cm	35 dm	3,75 m	8,3 cm	7,2 dm	9,55 m	57,30 dm
u	5,72 cm	109,96 dm	23,56 m	26,08 cm	22,62 dm	30 m	180 dm

4. a) d = 39 cm; u = 122,5 cm. Es werden 51 rechteckige Plättchen benötigt.
b) d = 49 cm; u = 153,9 cm. Es werden 30 quadratische Fliesen benötigt.

Lösungen

S. 39

1. a) A = 21,24 cm² b) 20611,99 dm² c) 10,18 m²

2. a)

Radius r	3 cm	1 cm	5 cm	10 cm	4 cm	2 cm
Flächeninhalt A	3,14 cm²	28,27 cm²	314,16 cm²	78,54 cm²	12,57 cm²	50,27 cm²

oder: 1cm → 3,14 cm²; 5 cm → 78,54 cm²; 10 cm → 314,16 cm², 4 cm → 50,27 cm²; 2 cm → 12,57 cm²

b) Zum doppelten Radius gehört der vierfache Flächeninhalt.

3.

	a)	b)	c)	d)	e)	f)	g)
d	28 cm	37 dm	184 m	6,9 cm	26,8 m	5,8 cm	72,8 dm
r	14 cm	18,5 dm	92 m	3,45 cm	13,4 m	2,9 cm	36,4 dm
A	615,75 cm²	1075,21 dm²	26 590,44 m²	37,39 cm	564,10 m²	26,42 cm²	4162,48 dm

4.

Menge	Einzelpreis	Gesamtpreis
11,04 m²	16,95 €	187,13 €
11,78 m	8,85 €	104,25 €
Zwischensumme		291,38 €
16% MwSt.		46,62 €
Rechnungsbetrag		338,00 €

5.

	a)	b)	c)
großer Kreis	r = 6 cm A = 113,10 cm²	r = 10 dm A = 314,16 cm²	r = 9 cm A = 254,47 cm²
kleiner Kreis	r = 3 cm A = 28,27 cm²	r = 5 cm A = 78,54 cm²	r = 3 cm A = 28,27 cm²
rote Fläche	84,82 cm²	157,08 dm²	113,10 cm²

S. 40

1.

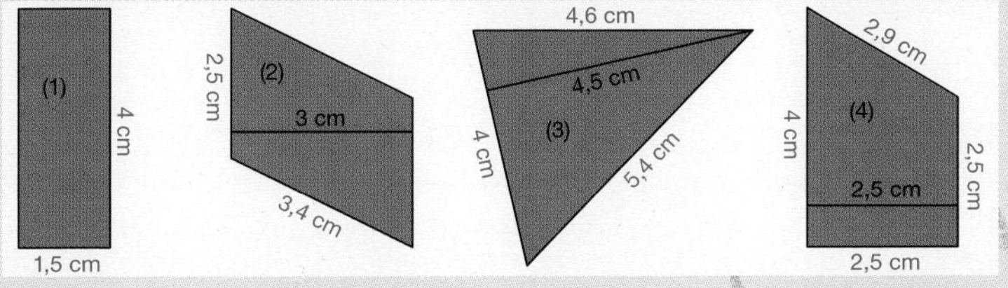

a) A_1 = 6 cm² A_2 = 7,5 cm² A_3 = 9 cm² A_4 = 8,13 cm² (8,125 cm²)

b) u_1 = 11 cm u_2 = 11,8 cm u_3 = 14 cm u_4 = 11,9 cm

2. A b   B d   C e   D c

3.

Parallelogramm	a)	b)
a	25 cm	24 dm
h	1,6 dm	15 dm
A	400 cm²	3,6 m²

Dreieck	c)	d)
g	1,2 m	35 cm
h	80 cm	8 dm
A	0,48 m²	14 dm²

Trapez	e)	f)
a	13,4 cm	5,5 dm
c	6,6 cm	2,5 dm
h	1,2 dm	6 dm
A	120 cm²	24 dm²

4. a) A = 175,5 cm² b) 256 cm²

S. 41

1. a)

	A 7 · x + 12 − 2 · x − 8	B 9 · x − 4 · x	C 9 · x − 3 − 6 · x + 7	D 5 · x	E 5 · x + 4
0	4	0	4	0	4
2	14	10	10	10	14
4	24	20	16	20	24

b) A = E B = D

2. A) 4 · r + 2 · s B) 4 · s + 2 · r C) 4 · r + 4 · s

3. a) 4 · z b) 10 · y c) 24 · x + 20 d) 5 · a + 4 e) 7 · a + 6 · b f) 2 · y

4.

$10 \cdot x + 3 - x + 5$	$3 + 9 \cdot x - 2 + 6 \cdot x - 1$	$15 \cdot x - 12 - 7 \cdot x + 21$	$8 \cdot x - x + 7$
$9 \cdot x + 9$	$15 \cdot x$	$8 \cdot x + 9$	$7 \cdot x + 7$

5. a)

$30 \cdot x + 10$

$17 \cdot x$ | $13 \cdot x + 10$

$8 \cdot x + 3$ | $9 \cdot x - 3$ | $4 \cdot x + 13$

$5 \cdot x + 9$ | $3 \cdot x - 6$ | $3 + 6 \cdot x$ | $10 - 2 \cdot x$

b)

160

85 | 75

43 | 42 | 33

34 | 9 | 33 | 0

S. 42

1. 1. Weg 20 € − (10,40 € + 3,95 €) = 20 € − 14,35 € = 5,65 €
   2. Weg 20 € − 10,40 € − 3,95 € = 9,60 € − 3,95 € = 5,65 €

2.

A	34	c	B	8	a	C	42	d	D	16	b

3. a) $44 + y$ b) $6 \cdot x + 14$ c) 26

4. a) (1) $6 \cdot 3\ cm^2 + 2 \cdot 3\ cm^3 = 24\ cm^2$
   (2) $(6 + 2) \cdot 3\ cm^2 = 24\ cm^2$
   b) (1) $x \cdot z + y \cdot z$
   (2) $(x + y) \cdot z$

5.

A	81	c	B	225	b

a	145	b	225	c	81	d	161

6. a) $11 \cdot y - 88$ b) $5a - 65 \cdot z$ c) $108 - 24 \cdot a$

S. 43

1. a) $x + 4 = 10$; $x = 6$ b) $12 = 3 \cdot x$; $4 = x$ c) $2 + 4 \cdot x = 6$; $x = 1$ d) $9 = 2 \cdot x + 3$; $3 = x$

2. a) $480 = x$ b) $x = 50$ c) $196 = x$ d) $x = 13$ e) $9 = x$ f) $x = 25$

3. a) $x \cdot 3 - 5 = 16$; $x = 7$ b) $x : 4 - 3 = 11$; $x = 56$ c) $x : 3 + 5 = 16$; $x = 33$ d) $4 \cdot x + 3 = 11$; $x = 2$

4. a) $23 + 2 \cdot x = 71$; $x = 24$ b) $7 \cdot x + 8 = 15$; $x = 1$ c) $40 = 7 \cdot x + 12$; $4 = x$

S. 44

1. a) $3 + 2 \cdot x = x + 6$; $x = 3$ b) $3 \cdot x + 8 = 4 \cdot x + 2$; $6 = x$ c) $5 \cdot x = 2 \cdot x + 6$; $x = 2$ d) $4 + 2 \cdot x = 6 \cdot x$; $1 = x$

2. a) $x = 7$ b) $x = 5$

3.

D	a	x = 24	C	b	x = 3	A	c	x = 5	B	d	x = 4

4. a) $x = 7$ b) $10 = x$ c) $8 = x$

5. a) D $x = 4$ b) B $x = 6$

S. 45

1. $3 \cdot x + 35 = 110$ $x = 25$ Ein Nuss-Riegeletto kostet 25 Cent.

2. $5 \cdot x + 2 \cdot 1{,}70 = 35{,}40$ $x = 6{,}40$ Eine Tageskarte kostet 6,40 Euro.

3. $x \cdot 15 + 64 = 199$ $x = 9$ Jannike musste 9 Monate sparen.

4. a) $x + (x + 22) = 98$ $x = 38$
   Am ersten Tag sind sie 36 km, am zweiten Tag 60 km gefahren.
   b) $x + (x - 15) = 141$ $x = 78$
   Am ersten Tag haben sie 78 Euro, am zweiten Tag 63 Euro ausgegeben.